女人若能柔弱，
何须动用坚强

WEAK × STRONG

陶瓷兔子　阿木　著

古吴轩出版社

中国·苏州

图书在版编目（CIP）数据

女人若能柔弱，何须动用坚强 / 陶瓷兔子，阿木著．
— 苏州：古吴轩出版社，2017.7
ISBN 978-7-5546-0942-2

Ⅰ.①女… Ⅱ.①陶… ②阿… Ⅲ.①女性—成功心
理—通俗读物 Ⅳ.①B848.4-49

中国版本图书馆 CIP 数据核字 (2017) 第 128129 号

责任编辑：蒋丽华
见习编辑：薛　芳
策　　划：王　猛
封面设计：一页文化

书　　名：**女人若能柔弱，何须动用坚强**
著　　者：陶瓷兔子，阿木
出版发行：古吴轩出版社
　　　　地址：苏州市十梓街458号　　　　邮编：215006
　　　　Http：//www.guwuxuancbs.com E-mail：gwxcbs@126.com
　　　　电话：0512-65233679　　　　传真：0512-65220750
出 版 人：钱经纬
经　　销：新华书店
印　　刷：三河市兴达印务有限公司
开　　本：880×1230　1/32
印　　张：8.5
版　　次：2017年 7月第 1版　第 1次印刷
书　　号：ISBN 978-7-5546-0942-2
定　　价：36.00元

如发现印装质量问题，影响阅读，请与印刷厂联系调换。0316-3515999

序：女人若能柔弱，何须动用坚强

韩剧《密会》中多次出现这样的场景：

优雅得体的女主角经常深夜才下班，她将车开进家里的车库，却不急于踏入家门，而是慵懒地靠在车座上，给自己些许的独处时光，再强打精神下车回家。

女主角是某艺术财团的会长，白天斡旋于公司的各种事务，晚上回家还要照看丈夫和孩子。

表面看来，女主角是个风光无限的成功女士，可她心里的苦楚，又有谁能理解呢？只有她自己知道，她所享有的一切荣耀，靠的全是死撑。

宋丹丹有句小品台词："做女人难，做'名女人'更难。"而刘晓庆也曾有过如此表述。

所谓"名女人"，除了大众心目中的女明星外，放之于常人视角，通常就是女强人、女神、女王、"白富美"。

她们为人们所仰慕，而人们对她们的定义往往是高冷、强势、难以接触、爱慕虚名。要知道，她们毕竟是女人，也有柔弱的一面，需要别人关怀、爱护、尊重，而不是像花瓶一样被人消遣。

对女人而言，天性中的小虚荣、小傲娇，很容易生出公主情怀和女王情结，没来由地任性一回、霸气一下，其实是惹人欢喜的。不过，在漫长的时光中，大多数女人给人的感觉依然是娇柔的，也难怪人们说撒娇的女人最好命。

可惜，生活的多元化，让当代女性的压力越来越大，不得不去独当一面，成为雷厉风行的"女汉子"。

这种转变，相信身为女人的你也能感同身受吧。即便你想"遗世而独立"，也会被"女人不狠，地位不稳""女不强大天不容""女人要做狠角色"等口号狠狠地扇一记耳光，最终硬起头皮，披甲上阵。

女人强大起来，确实是件好事，这样会有更多的选择权和自主权，不必再沦为世俗的男人的附属。可令人痛心的是，有些女人误以为强大就是强势和凶狠，便极力把自己装扮成咄咄逼人、不可一世的样子。即便她们内心是脆弱的、空虚的，也要去逞强、去强求。

已故的英国前首相撒切尔夫人是世人公认的铁娘子，有一次，她回家时打不开门，便敲着门大喊："快开门，我是英国女首相。"

她的丈夫丹尼斯·撒切尔爵士就在家里，却迟迟不给她开门。

撒切尔夫人很快明白了过来，一边轻声敲门，一边温柔地说："亲爱的，我是你的妻子玛格丽特，请给我开门吧！"

丈夫马上打开门，亲昵地将她迎了进去。

即便是撒切尔夫人这样的女强人，也自有她温柔的一面。她知道，强势解决不了所有问题，身为女人，回归温柔才是最动人的。

作家王琡说："女人太强势会滤掉温柔，女人太独立会缺少宽容，其实这也是把双刃剑，会一再伤到自己。为什么非要把坦诚掩盖在尖锐里？为什么非要把善良隐藏在功利下？为什么非要把柔软坚挺成身上的刺？又为什么非要把忧伤深埋在不长久注视就看不见的眼底？女人强势原本也不是什么错，但如果说是生活的无奈和男人的软弱把你'逼'成了这个样子，那就成了做女人的遗憾。"

很多时候，女人们确实是在刻意让自己变得强势起来。她们以为这样会更有安全感，会得到更多人的认可，会被世界温柔相待。可是，如果女人一味地假装坚强，连真实的自己都不敢表露，即便能获得众星捧月般的表象，又有什么意义呢？

有一期《金星秀》，做客嘉宾是金马影后、全能辣妈秦海璐。她是个外表看起来很坚强的大女人，为此，主持人金星特意夸奖了她。可是，她却说了一句让金星和所有观众都动容的话："我特别不喜欢用坚强来形容女性，用这样的一个形容词来形容，其实对女性来讲，是非常非常残酷的事情，若能柔弱，谁须动用坚强呢？"

是啊，女人若能柔弱，何须动用坚强？其实，没有哪个女人天生就很坚强，更不会表现得强势。她们披着"坚强"的外套，告诉别人"我过得很好"，只是想掩饰内心的无奈与落寞。世间时有险恶，岁月时有薄情，人生时有波折，不坚强，她要怎么活下去？如果能像蒲公英一样，柔柔弱弱，依然能徜徉于天地间，谁愿意像刺球一样，拼命让自己有所依附。

坚强是这个时代给女人的附加属性，而以柔克刚才是女人自带的必备技能。真心希望所有女人都能释放温柔天性，多一些笑靥如花，少一些歇斯底里；多一些恬淡优雅，少一些颐指气使；多一些自信从容，少一些尖酸刻薄。最重要的是，她们不是为了讨好谁，也不必去取悦谁，而是回归原本的样子，做真实的自己。

目 录

⓪① 章

温柔的
女人

也会被世界
温柔相待

别因为
逞强

让自己
遍体鳞伤

(03)章

何必
拼命追逐

只需
恰到好处

（04）章

在薄情的
岁月里

守住
心底的温暖

05章

我只想
扮演好

我本来的
角色

(01)章

温柔的
女人

也会被世界
温柔相待

女 人 若 能 柔 弱 ， 何 须 动 用 坚 强

世界这么大，总会有人欣赏你

我认识的同龄人当中，有一个有趣的姑娘。

她身高167厘米，体重不过百，常年保持健身习惯，身材修长。她喜欢夸张的唇色和复古的造型，常常外拍，喜欢在社交网络上上传自己唱歌跳舞的照片，形象、气质俱佳，被很多人称作女神。

在她的每一张演出照或者外拍照的下面，总是有很多粉丝和崇拜者给她留言，向她请教如何保持肌肤的白嫩和身材的健美。她有时会回复，答案也很简单：保持运动。

很多人留下了"羡慕嫉妒恨"的情绪，膜拜她的人也不在少数。但她总是很淡定，默默地做着自己喜欢的事，既能在舞台上高歌艳舞，在镜头前摆一些高贵或活泼的姿势，又能静静地在家里做做女红、烤烤西点。

很多人不理解她，认为Hold（把握、控制）不住她，她却也不苦恼。

"世界这么大，总会有人欣赏我。"她这样告诉我。

即使她在所有人的眼里都是女神，但在我眼里，她只是邻家的一个小姐姐。

我认识她的时候，她的身份是我哥哥的前女友。那个时候的她，低落、悲伤，像一只无助的小猫，窝在角落里独自疗养着情伤。

她是一个很简单的女孩，爱上一个人就对他掏心掏肺地好，但是感情总是不顺。她就对自己狠，跑步、健身、跆拳道……一次次的厮打和一滴滴的汗水练就了她强健的身体，也锻炼了她的心。

我看着她一点点地变瘦、变美。身材越来越好的她，开始穿着性感高贵的礼服，将自己展示在聚光灯下。舞台上的她，照片里的她，一颦一笑，尽显自信和魅力。我很高兴她变得那么好，她值得别人对她夸赞。

她很努力。

人们只看到她在舞台上涂着烈焰红唇、扭动腰肢，却没有看到舞台下的她，每天挥汗如雨地健身，那都是实打实的辛苦。她的外表一天比一天更有女人味，但是内心却渐渐地如男人一样坚强、独立。

闲暇的时候，她也严格自律。不熬夜、不泡吧，从来不把自己的美貌当作换取物质的筹码。她喜欢绣绣花、练练字、烤烤饼干、看看电影，算得上一个"宅女"。

我不会嫉妒她，因为只有像她这么努力的女人，才值得拥有这样的好身材，才值得在华美的聚光灯下展现自己的风采，让所有人赞扬她的美丽。

有些女人，你看到她们的时候，她们总是很美丽，很动人。她们身材曼妙，脸蛋精致，举止大方得体，品位高雅。她们获得的一切好像都是天生的，让人羡慕、嫉妒老天给了她们所有的好东西。

若是说这些女人有什么相似之处，就是光鲜亮丽的她们从来不会让你看到她们辛苦狼狈的一面，或者说，作为观众的我们，自动忽略了她们成为女神的过程中付出的汗水和努力。

有一次，我飞去日本，在商务舱里遇到了一个内地时尚杂志的编辑。

她的皮肤护理得极好，眼角也鲜有细纹，就连最容易被人忽略的耳后皮肤也白皙光滑。单看皮肤状况，她和二十岁出头的女人无异。

但是她淡定的眼神、处变不惊的态度让我觉得她应该已经三十多岁了。果然，拿过名片一看，她已经是时尚杂志的主编级人物了，这次是来日本采风兼休假的。

我仔细打量了一下她的穿着。她穿的衣服，说实话，很简单，和我想象中的时尚女魔头的造型一点都不同，并没有非常吸引眼球，反而让人觉得舒服而且容易接近。

我委婉地表达了这个意思。

她问："你是不是以为所有的时尚编辑都要打扮得和电影《穿普拉达的女王》里的女王一样？"

我不好意思地点了点头。

她说："其实很多人都是这么想的，但是你想知道真正的时尚是什么吗？"

我很好奇，请她讲给我听。

"其实，一个人最大的时尚就是你自己的气质。

"所有的衣衫、化妆品，只能给你的气质加分。本身的气质好，不需要多少打扮，就能够让你大方得体。但是若人格猥琐，纵使穿着再高贵的品牌都会像是假货，涂抹再贵重的化妆品都会有风尘气。

"在过去的欧洲，贵族为了和下层人民区分开来，会故意将自己使用的语言进行一些改造。维多利亚说着一口高贵的伦敦音，就是一种通过语言的改造将上层社会独立区分出来的方法。广大民众都喜欢模仿贵族的打扮，其实并不是贵族的打扮有多么时尚，他们只是希望模仿贵族那种高高在上的气质。

"但是广大民众终究不是贵族，就算勉强模仿，也会学得四不像。所以暴发户一直是被贵族所不齿的一群人，他们虽然有一点钱，但是气质粗鄙。真正的贵族气质，是文化环境和习惯所熏陶出来的，是无法依靠外在的模仿而获得的。

"所以，很多经典的美人，比如玛丽莲·梦露、奥黛丽·赫本，或是中国的林青霞、王祖贤，人们只看到她们的经典造型，学梦露扬裙角，学赫本穿香奈儿小礼服，或是学林青霞画英气的粗眉，但是这些模仿者都没有发现，这种外在的表象只是这些美人内在气质的体现罢了。

"要成为性感女神，就连一个普通的微笑，梦露都需要对着镜子进行无数次的练习，才能够让自己的笑容无论从哪一个角度来看，都是完美诱人的。内在没有这种浑然天成的性感，就算下水道的蒸汽把裙子掀得再高，都不过是一个在人前哗众取宠的小丑罢了。

"人们永远不会在意你付出了多少的努力，他们只会看到你人前的光辉，觉得你获得的一切成就都是从天而降的。

"我刚开始做编辑的时候，也是一个什么都不懂的小姑娘。当时觉得时尚界很好玩，又有很多好看的衣服穿，很能够满足自己的虚荣心。但是，真正把时尚当作工作之后，才发现一切都不止那么简单。漂亮光鲜的时尚大片不会从天而降。从最开始的确定选题，到找服装、找模特、确定场地、拍摄、定稿等，每一个环节都是一个独立的考验。

"我曾经穿着高跟鞋、捧着一大堆衣服在三四十度的夏天满城市地跑。我曾经为了一张底片在发三十九度高烧的时候从中国的北边飞到南边。我曾经一个月每天只睡不到四个小时，只为做一个专题，但是最后还是被毙了。

"时尚编辑就是这样的一种工作，将光鲜好看的时尚肢解成一个个现实的元素，再将它们组合起来，送到读者们的眼前。

"因为这个工作，我也第一次开始考虑究竟什么才是真正的时尚。生活中的时尚教主、时尚女魔头，其实私底下也是普通人，但是他们知道自己的气质和特点，会通过打扮将自己原有的气质凸显出来。他们的打扮也各有特色，但是每一个都不会过火。他们知道最重要的是自己的气场，装饰只是辅助而已。

"所以，当有一天，你觉得你不用考虑任何时尚元素，都有自信能够镇住全场，到了那个时候，你就拥有真正的时尚品位了。"

编辑说完这番话之后，我突然发现，即使在飞机上，她还是整整齐齐地穿着一双黑色的过膝高跟皮靴。因为穿着短裙，左腿搁在右腿上，双腿优雅地倾斜着。那一刻，我大概知道她为什么能够当上时尚杂志的主编了。

十八岁开始，女孩成熟的美丽开始绽放。二十多岁的女孩，因为青春，因为丰富的胶原蛋白，都像是盛开的鲜花，都很美丽。但是这种美丽是一种原生的美丽，像露珠一样，随时随地都会消散在清晨的阳光下。

真正能被称得上有女人味的人，还要在二十五岁或是三十岁以后的女人中找，而且，这些女人往往在年轻时并不出众。这些从未被称作美女的女人，却能够随着岁月的积淀，成为真正的女神。

女人味并不是天生就有的。年轻的女孩又萌又可爱，但这种状态可不能抵抗岁月的侵蚀。赫本息影之后投身慈善，她抱着非洲孩童的模样，让人感到了圣母一样的光辉。一个女人，能够意识到并且运用自己的女人味，往往需要经历很多的困难和磨炼，经过一番被否定、被打击之后，才会渐渐地找到自己最强的武器——外表比女人还要女人的人，内心会强大到比男人还男人。

年轻时拥有美丽容颜的女人，往往自信于自己的容貌。因为容貌，她们拥有足够多的赞美和追求，多到足够让她们高枕无忧地一直老去。终于有一天，衰老在不知不觉中夺去了她们的美丽和鲜活，但这个时候，除了咒骂岁月是个小偷之外，别无他法。世界上永远不缺更年轻的女孩、更鲜活的脸庞，总有一天曾经的校花成了明日黄花，旧时的姣好容颜只能在照片和记忆中寻觅。

　　但是，那些努力的女孩，即使在年轻的时候容颜没有被大众所认可，即使生活过得默默无闻，她们还是一点一点地学习怎么让自己变得更漂亮，学习怎么让自己变得更优秀，学习怎么让自己变得更有内涵。

　　唯一能够应对时间流逝的方法就是对自身能力的积累。终于有一天，她们能够变成她们梦想中的样子，只要她们坚持，只要她们足够努力。

　　当你真正成功的时候，没有人会在意你当时是多么狼狈不堪地一路摸爬滚打过来的，人们只会看到你展示在人前的美丽和自信，崇拜甚至嫉妒你的好运。但只有你自己知道，这一路走来，你掉过多少汗水，受过多少委屈，心里曾经有多痛。

　　这个世界上，别人不会在意你有多努力，所以，你更要对得起你自己。

"女金刚"不需要偶像剧

我的发小D小姐一直在感叹"活了二十几年却没有过一场像样的艳遇"。

自打高中起,她就沉浸于各种言情小说和偶像剧中,可是那些令女生神魂颠倒的爱情片段却不曾出现在她的生命中。

例如:快要摔倒时被帅哥扶住,两人四目相对,然后互生情愫;被坏男孩刁难时,霸道总裁出来救场,对她露出一副傲气又疼惜的表情,为她倾心一辈子;旅游时候遇到的阳光大男生体贴又温柔,在雨中将自己的风衣脱下披在她身上,并眉目含情地看着她。

这些情景,她没有遇到过,一次也没有。

有一天,D小姐兴冲冲地给我打来电话,声音有些颤抖:"我艳遇啦,跟很多小说里的情节都一样。"

我想象着她对天咆哮的样子,也忍不住激动了一把:"赶快为嫁入豪门做好准备吧,灰姑娘。"

D小姐的语气马上像是飞速坠落的过山车:"可是,最后还是被我搞砸了,真的很遗憾啊!"

接着，D小姐给我讲述了她的艳遇经过，那是一个画面感很强的故事。

那天，D小姐晚上八点才下班，回家的路上，她在一家饭馆打包了一碗拉面。快要到达小区住所的时候，她忽然发现小区花园的石凳上坐着一个很帅的男生，只是他的表情看上去十分痛苦。

D小姐不想多事，自觉地选择了绕路，可还是被那个男生叫住了。

"麻烦你……我胃疼得厉害，能不能找杯热水给我？"男生抬头对D小姐发出哀求。

故事的分岔口就此出现。

按照偶像剧的发展情节，D小姐应该快步走上去，用温柔急切的声音询问"你怎么了"，然后那个男生会体力不支，倒在她怀中。她立即将男生送进医院，并且悉心陪伴，直到他苏醒，或是干脆将男生搀扶回自己家殷勤照顾。在这之后，男生对她产生了莫名其妙的情愫，最终跟她喜结连理。

可是，我们的D小姐冷静地停下了脚步，飞快地将小区中经常见面的住户在脑中过了一遍，观察了一下周围有没有人，并用手机偷偷地拍了张现场照片用以被讹诈时取证。她一边拨120一边大声招呼着在不远处巡视的保安，最后她说出了最让自己后悔的一句话：

"我已经给你叫了救护车，我先走了，我打包的饭都要凉了。"

写到这里，请读者自觉想象一下一百只乌鸦从天上飞过去的场景。

经过这一遭，D小姐的偶像剧情结被治愈了一半。虽然她每次看到这类剧情时还会大呼小叫、歆羡不已，但至少会在后面认命地加一句"反正这种事肯定不会发生在我身上"。

D小姐是个内心强大的姑娘，那一颗期待着艳遇的少女心，在她的冷静理智面前，如一粒尘埃般微不足道。

很多言情小说和偶像剧里的女主角总会被情敌侮辱，最终还要像圣母一样原谅情敌。

可是，当情敌醋意十足地问D小姐"他到底喜欢你什么，你哪点比我好"时，D小姐可以微笑而淡定地说："你自己去问他好了，我正好也想知道呢。"

很多言情小说和偶像剧里的女主角总会遇到霸道挑剔的婆婆，不得不忍气吞声。可是，D小姐第一次见准婆婆时，却用一张巧嘴哄得准婆婆喜笑颜开，还收到了准婆婆的一个大红包。至于婆媳关系这种事，D小姐的理解是，如果有矛盾的话忍让老人家是必要的，但还是要把道理讲清楚，才能不伤感情。所以，每当她看到偶像剧里的女主角带着无辜、委屈的表情面对婆婆却含泪摇头不说话时，总是恨铁不成钢。

在D小姐这样的"女金刚"眼里，婆媳之间没有什么是解决不了的，说一遍不行说两遍，第二遍还不行就换思路，直到找到解决方案。

D小姐认为，没有任何事是需要自己打落牙齿和血吞的，如果身边的人只能分享甜蜜欢乐而不能分担痛苦忧伤，那我要他干什么。

她是一种超越了"软妹子""女汉子"的存在。

"软妹子"觉得自己什么都做不成，肩不能扛，手不能提，身边没有人陪简直会死。

"女汉子"觉得自己什么都可以尝试，换桶装水，修电灯泡……一个人可以撑起一片天。

"女金刚"不需要偶像剧。如果她们单身，她们会过得有声有色，不会因为身边的朋友一个个都结婚了而草率地将自己交付给谁；如果她们有了男朋友或是丈夫，那她们认定的人必然是自己千挑万选出来，跟自己旗鼓相当的人。

"女金刚"往往跟偶像剧里的艳遇无缘，可也只是原本就不需要而已。

我很喜欢你，但是我更爱自己

Y 小姐二十八岁才遇见了她的他。

第三次约会时，他牵起 Y 小姐的手，说："我们要不要恋爱一下试试看？"

也许是因为刚刚看完一场浪漫的电影，那一刻 Y 小姐觉得他的眼神带着无比温柔的宠溺，她心中小鹿乱撞，差点脱口而出"我愿意"。

两个人都已不再年轻，禁不起恋爱马拉松，交往了三个月后，他们就发展到了"见家长"的阶段。

第三次从他家里吃完饭出来的时候，Y 小姐打电话叫我出来聊天。

"我觉得我们不会在一起了。"她语气中带着微微的失落，"我觉得他妈妈有恋子情节。"

"拜托，谁家当妈的不疼自己儿子？"我劝慰说。

"你不知道他妈妈看我的眼神，哪里是看媳妇，那绝对是看仇人的眼神，好像我把她毕生的最爱抢走了一样。前两次去他家，见到他妈妈那样，我都安慰自己说是自己多心了。可是这次吃饭的时候，他妈妈居然把我给他夹的排骨从他碗里扔出来，然后放上自己夹的一块。"

Y小姐继续给我透露了一些关于他家的细节。

他父亲早逝，家里只有这一个孩子，这么多年来母子俩相依为命，而她的出现像是一道闪电劈开了他们原本平静的生活。

进门的时候，他妈妈故意不给Y小姐拖鞋。

Y小姐进厨房帮忙，他妈妈故意把盘碗摔得乒乓作响。

吃饭的时候，他妈妈不给Y小姐拿筷子，还指使Y小姐一会儿去拿辣椒，一会儿去拿酱油。

临出门的时候，他妈妈要亲手给他系上围巾，并冷嘲热讽地说Y小姐要风度不要温度，连冬天、夏天都分不清。

"这些情况，他自己都不知道吗？"我突然觉得这种情况确实对Y小姐不公平。

"怎么可能！"Y小姐重重地叹一口气，"第一次从他家吃了饭出来，他看我脸色不好，就给我坦白说，他上一个女朋友就是这样告吹的。"

他是个孝子，明明知道这样做会委屈了女友，也不忍心忤逆母亲的心意，只能安慰Y小姐说："结婚以后，你和我妈妈抬头不见低头见，日子久了也就习惯了。其实我妈是个很好的人，慢慢磨合之后她也会疼你的。"

Y小姐忍不住打断他："所以你的意思是，结婚之后我们要跟你妈妈住在一起？"

他的眼神满是惊讶："我妈妈年龄大了，难道要让她一个人住？"

Y小姐是个善解人意的姑娘，她翻来覆去地思量了几晚，觉得结婚后搬出去住的话对他和他妈妈来说确实残忍。可是，她也不想委屈了自己，只好主动提出了分手。

"你说，我这算不算是懦弱的逃兵啊，连挑战一下的勇气都没有，就举白旗了。"她自嘲道。

回顾起Y小姐的青春时期，她曾经是个非常勇敢的姑娘。

大学刚刚毕业的当口，她喜欢上一个男生，希望他跟自己去上海工作，却遭到了他父母的强烈反对。

当初的她，像一个无畏的战神，主动约了男朋友的父母出来吃饭，然后自报家门，历数自己所有的优点，并发誓一定会照顾好他们的宝贝儿子。最终，她的勇气感动了他的父母。

可是，去了上海之后，男朋友并没有找到合适的工作。Y小姐倒是顺风顺水，谋到了一份好差事。起初，男朋友是真心为Y小姐开心，可随着时间的推移，他的无力感越来越重。终于，他们的矛盾在一次争吵中爆发了。

"要不是因为你，我能来这个鬼地方吗？我放着家里爸妈不管，跟你背井离乡，我的同学现在都有当上处长的了，而我跟着你却混成了这个鬼样。当初你口口声声说能照顾好我，如今我失败透顶，你就嫌弃我了。"他冲着Y小姐大吼，眼里充满憎恶。

而他们争吵的起因不过是他的衬衣一周都没换，而她提醒了一句"你怎么衣服都不换就出门"。

这次争吵之后，Y小姐深刻反省了一下自己，觉得男朋友确实为她牺牲了很多，于是她变得更加温柔体贴，每个月的工资先交给他，让他寄回老家去充面子，或是让他跟朋友一起出去喝酒放松。

不管在外面受了什么委屈，Y小姐回家后都会带着甜甜的笑容，给男朋友洗衣、做饭，家里的卫生也一力承担。有摩擦的时候，她从来都是让步的那一个。

可他们最终还是没逃得过分手的命运，Y小姐大哭了几夜，不久后就恢复如初。

这次恋爱经历让她明白了一个道理，无论遭遇了什么，在恋人面前，都不能委屈了自己。

年少的时候，我们以为要耗尽全身的气力去爱才算是爱情。越用力越能感觉到自己和对方的存在，用莫名其妙的勇气努力牵连着，直到最后一刻力不从心才肯放手，整个人像是被抽空的氢气球，一下子从高处坠落下来。

成熟之后才发现，一份好的爱情并不是为了占有对方而不得不剑拔弩张，把自己搞得筋疲力尽。它原本是我们力量的源泉，让我们觉得心安，让我们有坚持走下去的勇气。如果爱不能带给你勇气，不是爱错了分寸，就是爱错了人。

Y小姐跟故事开头的那个他分手的时候，他苦苦挽留道："你不要担心我夹在中间难做，我会尽量去平衡你和我妈妈的关系。"

Y小姐摇摇头："我不是怕你难做，而是怕我自己难过。"

在社会中拼，在职场中拼，如果回到家里还要强颜欢笑，应付各种抱怨和刁难，跟着自己所爱的人一起左右为难，直至消耗完自己所有的温柔和潇洒，所有的力量和心情，那又有什么意义呢？

Y小姐已不再是年轻时又傻又冲动的样子了，她深深明白，成熟的爱情，是我依然会很爱很爱你，依然可以因为爱你做到这样或那样的程度，只是我已经不愿意了而已。

再也不会为了你放弃一切、孤注一掷，再也不会为了你忍气吞声、委曲求全。

茫茫人海里，遇到自己所爱的人很难。可是她明白，最需要爱的是自己。

你要相信，你配得上所有的好

曼姐的原助理，因为怀孕，很快就要离职，回家待产。她急缺人手，于是重新招聘人员。来竞聘的女孩有好几个，经过重重筛选、淘汰，最后剩下两名。

两位女孩，一位姓韩，一位姓李，学历相当。小韩性格活泼，小李文静。曼姐对她们说："给你们两个月的实习机会，谁的表现更好，我就留谁。"一场竞聘之旅，就此在两个女孩之间展开。

开始，两个女孩都表现得很积极，工作任务也完成得很好。特别是小韩，人不仅长得漂亮，性格也好，嘴巴又甜，很会讨人欢心。小李却和她相反，上班时间除了必要的说话，她总是默默做事。前辈们发现她很好使唤，就经常让她多做一些活，比如泡咖啡、复印，甚至倒垃圾，等等。小李总是欣然接受。小韩暗地里笑小李傻，她认为只要做好曼姐吩咐的工作，一切就OK了。

两个月很快过去了，在宣布结果前，大家都预测曼姐会留下谁。多数人认为，曼姐一定会留下小韩。因为小韩人够聪明，懂人情世故，嘴巴比蜜甜，有这样的人一起工作，会很开心。但出乎大家意料的是，曼姐最后留下了寡言少语的小李。

原来，曼姐一直在默默观察两个女孩的表现。她发现，小韩无论从外形还是性格上都很让人喜欢，但她做事挑肥拣瘦，不够细致，到后期甚至可以说有些懒散了。比如她上班总是踩点到，偶尔迟到还为自己找借口。最让她皱眉的是，小韩虽然是个漂亮的女孩，但是她很不注重细节。漂亮的鞋面上经常粘着灰，手指上的指甲油剥落了，也没有及时修补。

小李呢，她看起来好像是个内向的、沉默寡言的女孩。实际上，曼姐和这个女孩谈话的时候，发现她很有思想，言谈举止非常得体。她给自己的定位很清晰。在公司里，知道自己什么该说，什么不该说。从上班第一天开始，她总是提前一段时间到达办公室，把一天工作的前奏做好。

让曼姐满意的，不仅是她的工作态度，还是她形象上的整洁、清新。小李虽然没有小韩长得漂亮，但她很会打理自己：一头秀发顺滑飘逸；衣服虽然不是什么名牌，但款式不错，与她很搭；修长的手指虽然不涂指甲油，但指甲保护得很好，干净就不必说了；小皮鞋每天都是锃亮的。她从上到下都整洁利索。她不是那种五官多完美的女孩，但是整体看去让人感到非常舒服。

不是所有的女孩都是天生丽质的，也不是漂亮的女孩只要撒撒娇、嘟嘟嘴，就一定有糖吃的。女孩除了美丽，还要有能力。但需要说明一点，在世俗的观念中，漂亮的女孩都是徒有虚表的，其实这是一个很大的误区。比如娱乐圈里美女如云，不乏集美貌与智慧于一身的。

每个女孩都希望自己天生丽质，但天生怎样的一张脸，是由父母基因决定的，由不得我们。如果天生一张美丽的脸，那你实在是三生有幸，而大多数的女孩，拥有的还是普普通通的相貌。

我们不能因为长得普通就自暴自弃，女人应该把追求美当作毕生的事业。你要相信，你配得上所有的美。要想让自己美起来，女人应该怎么做呢？

首先，女人要懂得化妆。化妆具有化腐朽为神奇的作用，上班的女孩如果每天化一个淡妆，不仅是对别人的尊重，也是爱自己的最直接的表现。不过，化妆只能做表面功夫。谁都希望自己能拥有好气色，但光靠化妆不能解决问题，还要去找美容专家或者中医慢慢调理，才能养出健康的、持久的好气色。

再者，人靠衣装马靠鞍，选择衣服时，要注重衣服的质感及其款式。我们要尽量选择时尚一点的款式，时尚意味着一种内涵、一种风格，甚至是一种文化。一条薄薄的围巾，一顶普通的帽子，懂得搭配的人也能将其处理得非常时尚，非常具有美感。

还有，在这以瘦为美的时代，所有的女孩都希望保持苗条的身材。想要好身材其实也没那么难，首先要管住自己的嘴，饮食时注意选择少油清淡的食物，大鱼大肉能免则免。当然，还要坚持锻炼身体，如果三天打鱼两天晒网，也就别怪你的身体对不住你了。

除了上述种种，最重要的是，要记得给自己补充精神食粮，养成看书的好习惯。看书可以增长见识，更能提高素养。好的气质是培养出来的，多读书无疑是最重要的利器。

总之，你要相信，你配得上所有的美。为了让自己变得更美、更好，努力加油吧！

愿你成为一个温暖明媚的女子

有人说："真正的好女人，能够让人感觉到无微不至的温暖。"

奥黛丽·赫本，被人称为"温暖了全世界的电影明星"。在二十世纪五六十年代，奥黛丽·赫本的事业达到了鼎盛的高峰，世界各地的影迷把她封为"银幕女神"。可是，人们喜爱这个女人，并不是单纯因为她的容貌和演技，更多的还是因为她那颗温和纯善的心。

年事渐高之后，奥黛丽·赫本淡出了演艺圈，但她并未淡出人们的视线。1988年，她开始出任联合国儿童基金会亲善大使，她经常举办一些音乐会和募捐慰问活动，还亲自到贫困地区探望贫困儿童，埃塞俄比亚、苏丹、萨尔瓦多、危地马拉、洪都拉斯、委内瑞拉、厄瓜多尔、孟加拉等亚非拉国家都曾留下她的足迹。1992年底，身患重病的奥黛丽·赫本，不远万里赶往索马里去看望因饥饿而面临死亡的儿童。她走到哪里，哪里就有爱戴与欢迎。

时至今日，人们依然怀念这位"人间天使"。人们爱的，不仅是她惊人的美丽，更是她身上那一份温暖的气息。她的爱心与人格，跟她的影片一样明媚，照亮了许多人的心。

奥黛丽·赫本是温暖的女人，"奶茶"刘若英亦是。

就在奥黛丽·赫本去世两年之后，刘若英带着一首《为爱痴狂》走进了很多人的视线。她算不上标致的美女，却也不失美丽；她没有过夸张的表现，却也从不刻板；她是个明星，却又宛若生活中的平凡女孩，大声唱着："想要问问你敢不敢，像我这样为爱痴狂。"作为明星，她站得不高不低，抬头可见，触手可摸。她和许多平凡女子一样，总是笑盈盈的，对人客客气气。许多人都喜欢这个真实的女子，并亲切地称呼她为"奶茶"。"奶茶"，多好的名字，在寒冷的日子里，暖了手，暖了心。

移开注视着荧屏的目光，回归到现实的生活中，依然有很多向日葵般温暖的女子。

伊阳，一个安静、爱笑的女子。从大学毕业开始，她都在利用业余时间做义工。一颗纯善的心，一份执着的坚持，让这个25岁的女子，看起来温婉清幽，优雅美好。当对物质的欲望一点点扭曲着人们的价值取向时，她的善良显得弥足珍贵，接触过她的人，无不被她那良好的修养、温暖的气息所感染。就连那些不喜欢同人言语的自闭症少女，也愿意向她敞开心扉。

认识自闭症少女飞儿的时候，是在一个郁郁葱葱的夏天。那女孩黑亮的头发、黑亮的眼眸，给伊阳留下了深刻的印象。第一次见面，飞儿没有任何表情，伊阳没有过多地问她什么，只是告诉她外面的世界、自己遇到的人、自己开心与不开心的事。这样的交流，持续了四五次。后来，再看到伊阳的时候，飞儿竟愿意用眼睛注视着她，尽管没有言语的回应，可伊阳知道她在听，用心听。

飞儿生日那天，是她们相识半年的日子。伊阳和平时一样，跟飞儿聊天，临走的时候，把礼物留给飞儿，让她回到房间再打开。飞儿打开礼物盒，那是一个可以收集阳光的罐子，还夹着一张美丽的贺卡，上面有一段温暖的字句——

年少的时候，我总幻想把阳光装进罐子，夜晚再拿出来绽放光芒。遇见你的时候，我总希望可以给你最特别的心意，就像那一抹清晨的霞光。我坚信，每个人心里都藏着那个收集阳光的梦想，坚信一定有可以打动梦想的力量。如果你，就是梦想，让我从今天开始，为你将温暖的阳光奉上。

那一夜，飞儿抱着阳光罐入眠，脸上露出久违的浅笑。再次见面时，飞儿在伊阳离开时递给她一张字条，上面写道：谢谢你。简单的三个字，伊阳却无比满足。她知道，那颗冰冻的心就像是春日下的雪，在阳光下的照射下，会慢慢融化。雪融化了，就是春天。

　　温暖是一种信仰，会让女人周身充满爱的希望，让自己、让身边的人更加热爱生活。温暖是一种气场，会让女人变得伟大，给周围的人带去正面的能量。《红与黑》中，于连那么执意要接近雷纳夫人，正是因为爱上了她身上那一种温暖的感觉。在那个趋炎附势的社会中，在那个视功名利禄为无限荣耀的现实中，很难找到一片纯真之地，雷纳夫人给人带来的温暖与安稳，实在弥足珍贵，令人动容。

　　温暖的女人，骨子里有一种亲和力，像送暖的春风，像和煦的阳光，像寒冬腊月里的炉火，像雪中送来的热炭。她们不会因为尊贵的出身、美丽的脸庞而变得冷漠高傲，也不会用美丽课堂上学来的东西作为提升身价的砝码，她们尊重内心，不美不俗，通情达理，宽容随和。

　　温暖的女人，给人带来平实与亲切的感受。她们没有盛气凌人的姿态，不会因为小事而喋喋不休。她们通情达理，和她们在一起不会让人感到任何压力，她们就像仲夏里绽放的向日葵，心朝阳光，脸上永远带着淡淡的笑容，走近她们身旁，就会被她们的温暖所感染。

　　温暖的女人，不会娇弱不堪、处处依赖别人。她们勤劳善良，若给她们一个小家，她们会把它装扮得温馨整洁，把饭菜做得可口香甜，与邻里相处融洽。就算心中偶尔荡起涟漪，冒出烦恼的泡泡，她们也会很快调整好情绪，不给他人带来麻烦与压抑。

温暖的女人，也是优雅的女人。这份优雅不源于外表，而是源自内心。世间最名贵的香水，在时间与空间的侵蚀下，也会失去香气，可是温暖的女人从内心深处散发出来的幽香，却经久不衰。

平凡生活中的女子，都不是伟大的人，但都能够用伟大的爱来做生活中的每件事。做一个向日葵般温暖的女子吧！清淡如水，明媚如花。

女神的背后，是多少沉默的光阴

每个人的圈子里似乎都会有一位让人羡慕的大神级人物。

他往往算不上多么用功，却总是可以将一切别人眼中的难题轻松攻克。在他的生命历程中，一切都顺风顺水，似乎从来没有遇到过任何挫折。

我便有这样一位要好的朋友——

她年轻，美丽，自信，有修养，极富绘画上的才华。从名牌中学到国内一流名牌大学，再到日本多摩美术大学镀金归来，如今春风得意，事业风生水起，俨然精英才俊。

"女神的世界，离我们太遥远。"

这是一般朋友提起她时，最常见的评价。

连朋友都是如此认为，可想而知，她一路走下来，嫉妒者比羡慕者更多。

今年初夏，她难得休了几日假期回家，打电话找我出去玩。

无奈我正患上了每年春夏之交几乎都要遭遇的重感冒，病恹恹地躺在床上，无法赴约。

于是女神飘飘然来到我家中慰问。

"我生病了，灰头土脸的，你还打扮这么美专门到我家来刺激我，让我怎么康复。"我佯作悲愤状。

虽说是开玩笑，但坦白讲，每次看到她，确实都会在心里暗暗惊艳赞叹。

她笑着拉我的手："我错了，我今天来主要就是为了服务病号，伺候你吃午饭。"

我想了想，说："楼下有家蛋炒饭还不错，可以打电话叫他们送上来。"

谁知她瞬间一脸惊恐，连连摆手。

我恍然大悟——也是啊，人家这样的女神，怎么能吃蛋炒饭呢？！

当下准备撑起病躯，陪她去高级酒店。

却听她道："在日本我连续吃了整整五个半月的蛋炒饭，从此听见这三个字就想吐。"

片刻沉默过后，我试探着问："是因为日本蛋炒饭很好吃吗？"

她苦笑："餐厅的剩饭再次利用，你觉得会有多好吃？"

我难以掩饰自己的惊讶："那你……"

她又恢复了那副优雅的姿态，轻轻将肩头的头发拨了一下，露出白皙的锁骨："因为穷呀。在日本那两三年，穷到天天洗盘子。"

我感到自己仿佛在无意之中，不小心看到了一个完美女神不为人知的另一面。

我试探着问她："怎么都没有听你提起过？"

她笑起来："这种事干吗要到处去讲？凭借自己的努力把自己养活下来了，到底是好事。过去的辛苦也就没必要提起了。"

是啊，虽然我们算是许多年的好友，依然会有些许不足为彼此道的辛酸。

总有那么些很辛苦的时刻，你渴望有真正的朋友在身边陪伴，可你却终究只是孤零零一个人。而等到一切苦难都平息，光明到来的时候，曾经那些无助的岁月似乎也就成了自己心里的独家纪念品，失去了向外人倾诉的冲动。

虽说理解，我又实在忍不住内心的好奇："这也许会是一个好故事，可以写在我的下一本书里呀！"

在我的软磨硬泡下，她终于跟我提起了那段日本生活的另一面。

"就像我刚才说的——在日本，我曾经很穷很穷。如果要选取一个最典型的时间段来说，就是第一学年的暑假。两个月期间，我一直在一家寿司店打工，换取一些维持生计的费用。

"你记得我们大学时，曾经去咖啡厅打工吧？坐在那里等着人来，把饮品单递过去，然后调制一杯咖啡。没有人的时候，就坐在椅子上听音乐。可是我在日本寿司店的打工可完全不是这么惬意。

"曾经连续三个礼拜，我每天工作超过十二个小时。你能够想象吗？走路都像是在飘。有一次我刷盘子，实在太困，蹲在地上不小心睡着了，盘子掉在地上摔碎了——然后被凶恶的妈妈桑（老板娘）扇了一耳光。

"在寿司店工作的时候，晚上老板允许我们打工的学生把没有卖掉的米饭做蛋炒饭吃。我觉得很开心，因为这样又可以省下一些钱了……"

听到这里，我实在忍不住了，已经从惊愕转变为震撼，进而拉着她的手泪流满面。

她哭笑不得："你怎么哭成这样呀！"

我问她："那样辛苦，为什么还要念了一年又一年？"

据我所知，她在日本修了不止一个学位。

她很认真地回答我："当初选择去日本，就是因为想要让自己变得更好。所以无论多么辛苦，只要知道自己一直在前进，心里面就会觉得是在走正确的路。在我看来，找到一条正确的路，让自己每天都有收获，是一件很难得，又很重要的事情。"

我肃然起敬之余，又忍不住问她："可是……你每天就只是在寿司店洗盘子……我是说，我知道这样已经很辛苦了。可是这样的一个暑假，对你来说，除了填补生计之外，还算是有收获的吗？"

她有些得意地再次轻轻甩了甩头发："谁说我每天只是在寿司店洗盘子的？"

"可是你说你每天都要工作十二个小时以上……"

"是的。每天工作十二个小时，另外还有每天在家里画画两到三小时。"

我惊讶得合不拢嘴。

顿了顿之后，我由衷地感叹道："真想看看，那个时候勇敢的你。"

她笑起来："你不会想看的。那时候在寿司店实在工作太久了，每天回到家里，衣服上全都是洗洁精味……自己都觉得自己好邋遢。"

片刻的沉默之后，她又说："你想知道那时候我真实的想法吗？我觉得很累，常常会忍不住在自己的小房间里哭……我每天都要画画，不只是因为我想要一直进步，更因为我希望用画画来让我记住，我不是来日本洗盘子的……我是来成为艺术家的啊。"

我无法想象她是如何用那双本该握着画笔的手，泡在冷水里洗了那么久、那么久的脏盘子。

但是我可以想象，当她每天回到家里，用已经打工十二小时且酸痛无比的手重新握起她的画笔的时候，内心怀抱着怎样的虔诚与幸福。

我想起来曾经看过她在日本期间完成的画作。

精致典雅，美不胜收。

那幅画中的某一部分，是否就是在寿司店打工之后完成的呢？

我仿佛可以嗅到洗洁精的淡淡味道，眼前渐渐勾勒出一个苍白女孩憔悴的身影。

虽然双手终日都要用来触碰污浊，但是那支珍贵的画笔，却在每一日掌中的摩挲里愈发雪白。

在有些人自暴自弃的时候，有些人却在拼命坚持。

有些人在舒服的家里吹着空调吃着西瓜看美剧，有些人却刚刚结束了十几个小时的打工在睡前赶着完成一幅画。

你觉得这两种人，谁更有资格幸福？

我们总是认为，很多人生来就比别人幸运太多，所以他们出落得越来越优秀，将普通人狠狠甩在后面也是一件"正常的事"。

可在你看不到的地方，那些女神、男神一般存在的人们，不知道付出了多少默默努力的漫长光阴。

从来就没有一种优秀是"正常的事"。

正如从来就没有一件伟大的成功是不劳而获。

拼了命地努力，然后优秀得要命——这就是这个世界的游戏规则。

姑娘，愿你温柔又美好

嘿，姑娘，这些话跟你晚说了这么多年，真是很抱歉。不过还好，说早了你也不会懂。

这几天我听到你频繁地说"凭什么"，所以决定跟你说说交心话。你说："凭什么他可以参加演出，我就不可以。"

你说："凭什么我交了钱得不到应得的服务。"

你说："凭什么我要包容她，明明就是她不对。"

姑娘，我要怎么告诉你？冥冥中的造物者其实像众生一样，大多数时间勤勤恳恳，偶尔也会闭上眼睛打个瞌睡。你总不至于质问上天"喂，你享受这么多崇拜，凭什么犯糊涂"吧。

写到这里，我脑海中浮现出你的尖叫："凭什么我就要逆来顺受，像个傻子一样活着？"

你还那么年轻，年轻到不懂得"人生不过一场妥协"，跟朋友，跟爱人，跟老板，跟你身边的所有人妥协，将自己的底线不断调整。

你要明白，唯有跟自己的野心、好胜心、自尊心握手言和，才能平和而快乐。

是的，我希望你活得很好，希望你像个真正的猎人一样，每一次出击都能满载而归。但是，我不希望你每天都愤世嫉俗地呐喊"凭什么"和"我不在乎"，直到吓走了身边所有的猎物和同伴。

我不知道你说出这些话能够改变什么，或许你会说"要是每个人都不发表意见，这个社会就不会变好，也不会进步"。可首先，我并未发现你周围的人和事因为你"凭什么"的质问得到哪怕一丝一毫的改变，更遑论进步。大多数人只是轻蔑地笑笑，甚至连笑容都不屑给一个，也许他们心里默默地想着"你真是个傻姑娘"，然后继续做着你看不惯的事。

只有你自己，在日复一日的质问中变得尖锐，变得冷漠，变得无奈而又气急败坏，然后衍生出更多的"凭什么"。

你不在乎别人的想法，别人的处境和心情，别人的成长背景，别人和你在能力上的差距，你像一个冷酷的刽子手，握着一把叫作"凭什么"的真理之剑砍向全世界。

别做梦了，姑娘。你不是手握无上法宝的仙女，你还要生活在这个世界上，做一个世俗的普通人，被更多世俗的普通人包围，在每一天的磨合中磕磕碰碰地走完人生。

这个世界原本就是多元化的共存，你在质问和抱怨之外，必须学会理解，感受并接受这样的共存。

你是个聪明的姑娘，一直都是。而聪明人最大的特点就是不愿意走弯路，常常用简单粗暴的方法解决问题。

可是姑娘，你并没有生在一个自问自答的世界，当你问出"凭什么"时，我想你一定也在期待一个回答，而不是一个无所谓的白眼吧。

每个人的心中都会有禁地，这块禁地叫作"被尊重"或是"被理解"，当你为了便捷而选择践踏别人的禁地时，或许能少走一些路，比别人更快到达终点，可是你永远不知道会为抄近路丢掉什么东西。

我不介意你成为一个"女汉子"乃至"女金刚"，我希望你有着无比强大的内心，可是强大的背后一定是温柔，就像光与影一般无法分割。

因为温柔而坚定，因为坚定而强大，因为强大而温柔。

当试着了解你所问的"凭什么"的那些事时，你就会发现那些柔软的东西没准会在你跌入悬崖或者摔一跤的时候变成救生气垫。

你瞧，其实我也是很功利的人啊。只是我不仅仅想让你走得快，更想让你走得远。

你的路还那样长，别让心情倒在最前面。

你周围的一切本来就取决于你的心，你温柔世界就温柔。你会看见平时不苟言笑的人藏在深处的细心体贴，你会看见平时急功近利的人对自己最在乎的人露出微笑。你会了解到这世界比你想象的要大，每一个人都是一个故事，而有一些温暖非柔软不能体会。

你美好世界就美好。你会看见，春天花瓣上的朝露，夏天被蝉鸣拉长的斜斜日影，秋天傍晚四合的熹微暮色，冬天落下的每一片雪花，都是不同的样子。

这个道理，王阳明老先生在几百年前就告诉过我们——心对了，一切就对了，何必向外界去求。

你容得下别人，别人才能容下你

记得《罗兰小语》中有这样一段话："既然无力兼济天下，那么独善其身也好。从自己本身做起，让自己宽大些，平和些，多存几分仁恕，少用几分抱怨。承认自己和世界都是如此不完美的，所以也不必为此烦恼。"

女人要懂得，活在世上，除了你自己，没有谁可以给你带来心平气和的感觉。对人对事，宽容一些，别总是苛责挑剔，烦恼就会少很多。都说生活像一面镜子，你对它笑，它便对你笑。其实，周围的他人又何尝不是一面镜子呢？当你对他宽容地报以微笑时，他又怎会给你一张冷漠的面孔呢？当你感到生活处处受阻、事事不如意的时候，也许该静下来反思一下：是不是自己活得太狭隘了？

生性严谨的杨女士，平时对自己要求很高，对别人要求更高，稍有一点不悦就苛责别人。身边的亲人、朋友、同事、邻居，没有谁不被她挑剔。杨女士并不是那种无理取闹的无知市井，她受过高等教育，有体面的工作，只是她心里容不下别人犯错。她这种苛刻的性情，让周围人对她敬而远之，若非不得已，没有人愿意跟她打交道，正所谓"惹不起躲得起"。

年初，杨女士一家搬进了新房。当时，热情的邻居还拿了礼物来拜访。可是一个月之后，两家人却横眉冷对了。这些不愉快，也是因为杨女士惹起来的。

某个周末的早上，杨女士一家人正在睡觉，门铃却突然响了。她不耐烦地去开门，结果发现是走错门了，要去的是邻居家。按理说，这样的事太平常了，说句"对不起"也就没什么了。可杨女士不依不饶，跑到邻居家抱怨了一通，还在自家门口贴了一张纸条："请勿敲错门，面斥不雅"。

类似的事，还有很多。邻居不小心把垃圾袋忘在了门口，杨女士在楼道里吵吵嚷嚷了半天，说对方没素质；邻居在楼梯间大声说话，她便说人家没有公德心；邻居的孩子在她家门口打闹，她说孩子缺乏教养……终于有一天，邻居气不过，在她家门口放了一个骨灰盒，着实把杨女士吓了一跳。她先是愤怒，后是震惊，没想到自己平常的做法竟然引起对方这么深的仇恨。

她认真做了一次检讨，发现问题出在自己心胸太狭隘上。第二天，她把自家阳台上的一盆海棠花放在邻居家的门口，一场纠纷就这样消散了，两家又成了和气的邻居。与此同时，她对自己身边的人态度也改变了，少了苛责，多了宽容。渐渐地，她发现很多人乐意来自家做客了，她的生活也比以前热闹了很多。

太过苛责狭隘，惹来的只有厌烦和憎恨。把自己的心敞开，用宽容对待别人的错误，得容人处且容人，换来的是轻松与惬意，是良好的人缘和温婉的形象。一个女人活得幸福与否，活得优不优雅，全都掌握在自己手中。别吝啬你的宽容和善意，谁都会有犯错的时候，当你习惯把宽容送给别人时，哪怕日后你也犯了错，想起你的温婉大气，别人也更容易原谅你。

曾有一位女作家，处女作一经出版就大卖。不料，有人指出她的作品有抄袭的嫌疑，这件事闹得沸沸扬扬。最后，她决定召开发布会，澄清这件事的原委。

会上，她坦白向大家承认道："这本书在内容上，的确有一个小节跟一位作家的著作相像，可我事先真的不知情……"话还没说完，台下就出现一个不和谐的男声，说了一番让女作家难堪的话，对她的新作表示强烈不满。最后，那位男子嘲讽地说："你的作品真好，请问谁在你背后帮你抄写的？你不过小学毕业，以前是车间里的流水线工人，你哪儿来这么好的文采？"说完，他还冷笑起来。

显然，这番嘲讽就是故意让女作家下不了台。发布会的气氛也变得紧张起来，许多记者站在那里不知所措，刚才那些鼓励与赞叹的声音都不见了，大家面面相觑，场面非常尴尬。大家都盯着台上的女作家，想看看她会做出怎样的反应。

女作家很平静，看不出有任何紧张的神情，也没有生气。她微笑着看着那个闹事的人，温和地做出了回答："谢谢你对我作品的夸奖。我的学历，我过去的工作，都不能决定我的未来。这个世界上有很多比我成功、比我有才华的人，他们也未必都读过大学，甚至曾经也是底层的普通人，可这影响他们的未来吗？我想，你对我的了解并不充分，今天我把这本书送给你，希望能得到你的批评和指正。"听闻这番话，台下响起了热烈的掌声。那位闹事者接过女作家赠送的书，悻悻地离开了。

经历了这个小插曲，大家似乎都忘了女作家涉嫌抄袭的事。他们见证了她的气度和智慧，也没有人再为这件事去找她的麻烦了。发布会之后，她的声誉没有受到任何影响，反而让她名声大噪，多了不少的合作机会。

生活的酸甜苦辣总要尝，起起伏伏总要经历，用宽容的心态接纳所有，得饶人处且饶人，坦然面对得失，不计较付出多少，让别人在温馨的氛围里感受亲切。心有雅量和宽容，无论身处怎样的环境中，眼前都会出现一片生活的春天，耳边就能响起心花开放的声音。

苛求是对剌的尖刀，你苛求别人，别人也会伤害你；而宽容是互赠的，你宽容了别人，别人也不会难为你。在平和宽厚之中，活出女人特有的温婉与修养，认识生活的可爱与可赞之处，才不辜负难得的一生。

我付出一切努力，只为做个好女人

美国新泽西州第一位华裔女法官杨柏斯瑜来到浙江大学法学院访问的时候，我也有幸和杨法官一起参加了座谈。

一个华人，又是一个女人，在美国法律界，能够成为一名社会地位颇高的法官，杨法官令在场的我们都非常敬佩和崇拜。

更令人羡慕不已的是，杨法官除了事业成功之外，还拥有一个幸福的家庭。杨法官的家人都在美国生活，她本人担任了十年新泽西州劳工赔偿法庭的法官，去年三月刚刚退休。她的丈夫是美国罗格斯大学生物学教授，而她的两个女儿都是出色的执业律师。杨法官本人在说话时，更是三句话不离家人——"我的丈夫现在也在浙江省""我的两个女儿最近也开始注重国际交流""我的丈夫对于收集茶叶特别有兴趣"。

脱下法袍，谈及自己的家人，杨法官身上那种法官特有的高高在上的距离感就一扫而光。穿着黑色洋装，加之一脸的亲切感，她就是一个贤淑的妻子和慈爱的母亲。

"作为一名女性，如何能够兼顾自己的事业和家庭？"席间，我问了杨法官这样一个问题。

杨法官沉思良久，有些无可奈何地笑笑："这的确是一个很难的问题。女性相比于男性而言，必须要更多地考虑家庭。什么时候结婚？什么时候生孩子？生了孩子之后应该如何抚养？这些现实的问题对于女性的职业生涯来说都具有毁灭性的打击。然而，如何平衡职业和家庭，你可以有不同的选择。"

说着，她给我们讲述了自己两个女儿不同的人生路途。

"我两个女儿的年纪只相差一岁，她们从法学院毕业之后，都进入了非常大的律师事务所工作。她们都已经结婚了，但是对于生育后代方面，却做出了不同的选择。

"我的大女儿选择先当一名母亲。她在自己的事业上升期怀上了第一个孩子。为了兼顾工作，她成了律所的第一名兼职律师。但是美国的律所工作实在太过繁忙，即便是所谓的兼职律师，也必须承担每周四十个小时以上的工作量。所以大女儿在生第二胎的时候，离开了律师事务所。虽然放弃了她之前在律所累积的所有资历和人脉，但是她拥有了两个活泼可爱的孩子，每天都生活得非常开心。

"而我的二女儿嫁给了一名律师，他们互相支持对方，都觉得要以发展事业为重，所以二女儿一直没有要孩子，在律所的发展也很好。她作为第二代表律师参与了史上最大的企业性别歧视案，代表一百五十万名女性员工，状告零售业巨擘沃尔玛。现在的她已经被前总统奥巴马提名，出任平等就业机会委员会委员，事业可谓是风生水起。

"在我看来，两个女儿虽然选择了两条不同的道路，但是对她们自身来说，都是正确的。二女儿潜心事业，因为她能够找到一个支持她并且和她有着一样价值观的丈夫，所以她在发展事业的过程中可以说没有后顾之忧。而大女儿，我总是对她说：'你现在的事业起步虽然比你的妹妹要晚一些，但是永远也不会太晚。况且你的生命里多了两个可爱的小天使陪伴，在你进步的路上，又会有更多的动力和支持。'

"其实我自己在年轻的时候也遭遇过同样的困惑。"

杨法官向我们讲述了自己的奋斗历史：

"在我年轻时的那个年代，社会根本不认可女性需要事业，女性只是被赋予了照顾家庭、维持家计等义务和责任。最适合女性的职业，永远只有家庭主妇、护士或是教师。我年轻时也没有想过自己要在事业上有什么建树，只觉得作为一个女人，服务好家庭就好，所以我在大学里的专业是家政学，这个专业现在应该都没有了吧？

"我进入法学院，其实是在生了两个女儿之后。当时我已经三十多了，日复一日的主妇生活让我觉得生活枯燥乏味。我一直热衷于参加各种争取妇女平等地位的运动，但是家庭主妇和全职妈妈的生活却让我与理想完全脱节。当我仔细思索了自己的人生目标之后，我做出了一个决定——我要去读法学院。这个在常人看来非常难以理解的决定，当时也遭到了许多反对：有的人觉得我作为法学院的学生来说年纪太大了，无法和其他年轻人竞争，无法负担法学院繁重的学业；有的人觉得我不务正业，女人的工作就是管好自己的家庭，我抛下自己的丈夫和孩子去读书，实在是不可理喻。"

"我听到这些反对的声音，心里很矛盾。我给我的丈夫打了一个电话，告诉他我想要去读法学院的这个决定。丈夫很平静地说：'好的，你去读吧，我支持你。'"杨法官微笑着回忆那时丈夫的支持与鼓励。

"美国的法学院以费用高和学业负担重闻名。我的丈夫不仅负担了我的学费，还在我读书期间，帮助我照料孩子，让我能够安心读完法学院。等到我毕业之后，虽然已经四十岁了，但幸运的是，遇到一名赏识我的上司，将我带入了法官的职业生涯之中。

"所以，对于想要在职业上有所建树的女性，我想给你们的建议是：自身勤奋，建立人脉，最重要的是，获得家庭特别是来自丈夫的支持。"

衡量一个男性的成功标准比较直接，往往从他的事业成就来判断，经商的就看他资产多少，从政的就看他级别高低，搞学术的就看他研究成果，标准简单明晰，客观直接。

但是社会对于女人的评价标准却复杂而又模糊。

只有家庭的女人，像一个永远围绕着丈夫和孩子的影子，面容模糊，没有特性。你总是能够在菜市场看到她们，四五十岁，头发蓬乱，脸色暗黄，埋头讨价还价，锱铢必较。

只有事业的女人，即使赚再多的钱，有再高的地位，在外人的评价中也只是："她的事业真的做得很好，可是都没遇上一个好老公，孤苦伶仃的，真可怜……"

只有少数的女人，能够在事业和家庭之间做到平衡。

相信每个人的身边都有这样的女性：

她们拥有自己的事业，在工作领域中做得专业严谨，风生水起；但同时，她们的家庭也会被称作是"模范家庭"，丈夫体贴，孩子听话。最要命的是，这些女性自身通常都还非常光鲜漂亮，总是流露出一种优雅而淡定的气质，让人不禁感叹老天把所有的好东西都给了她们。

她们所获得的东西，充实的工作、其乐融融的家庭和良好的自身素养，真的只是因为命好吗？我不以为然。

我的舅妈一直是我心目中好女人的榜样。

她从事医药行业多年，在国内同行中一直拥有数一数二的业绩，在业务方面从来都是公司的顶梁柱级别的人物。在生活中，她和舅舅的感情也很好，爱黏着舅舅，爱发嗲，我的妈妈经常调侃她"千色色"（杭州话，意为臭美、爱漂亮）。她自己也爱美，穿衣服不仅挑选品牌还要看时尚度，发型总是新潮得体，每周去美容院，出门一定要打粉上淡妆。就连家里的装潢都透着浪漫的气息。我一直很羡慕我的表姐，因为舅妈总是把她当作一个小公主。相比于表姐充满粉色气息且堆满人偶的公主房，我的房间就非常简单，我觉得自己简直就是一个假小子。

舅妈非常关心我，我也乐于将自己的情感和成长问题向舅妈讨教。和我妈妈的敦厚质朴相比，舅妈才是一个聪明的女人。她很有女人味，而且总是能够在家庭和事业中取得完美的平衡，这令我羡慕不已。

即便是事业如此成功，在家里收入最高的舅妈，在舅舅面前从来不会因为自己的收入更高而趾高气扬，相反，在丈夫面前总是一个小女人的姿态。在家庭中，她总能很好地运用自己女性的温柔和细腻，将丈夫、女儿的生活安排得浪漫而又井井有条。她也很爱自己，从不吝啬于对自身的投资。她也总是对我说："女孩子一定要穿得漂亮，不然怎么像女孩子呢？"

除了外貌，她还注重自己的内在投资，她最近报名了英语补习班，开始学习英语，前几天还打电话告诉我她的英文名字叫Lily。

舅妈一直是我们大家族里的核心人物，她为人和善，总是愿意帮助家人解决各种问题，还经常组织大家聚会。我们都说舅妈是个好女人，我们都很爱她。

但是，我从不认为舅妈现在获得的一切都是因为命好，因为我切切实实地看到了她为了自己的事业和家庭付出了多于常人的努力。

家人都说，舅妈特别像台湾的女明星小S。我想，这不仅仅是因为舅妈留着短发，也是因为她像小S那样在银幕前台风犀利、银幕后小鸟依人，拥有执着于保持自己的身材和美丽的好女人形象。

这些好女人们，其实都有一些共同的地方，也许这就是她们能够同时兼顾自己家庭和事业的秘诀：

首先，善于转换身份。

在工作的时候就算多么雷厉风行，在家里，妻子就立马成了一个依赖丈夫的小女人。阴阳有别，自然界从一开始就给了男女不同的分工。作为女性，我们有柔软的身体和细腻的皮肤，有纤细的感触和敏感的神经。所谓异性相吸，发掘并且良好运用自己的女性特征，无疑是我们的制胜法宝。

在职场上，也许女性必须身着"戎装"，用职业化的方式模糊性别，但在家庭中，女性总是要承担起温柔妻子和慈爱母亲的职责。不把工作带进生活，也不把生活带进工作，两手都抓，两手都硬。

其次，平衡家庭和事业。

由于社会对男女双方有着不同的评价标准，作为妻子，应该支持自己的丈夫在事业上的投入与拼搏，做坚实的后盾。男主外女主内，这是从古流传至今的分工模式：皇帝在前朝指点江山，维持天下大局；皇后在后宫管理内宫事务，维持皇宫的平稳发展。所谓的照顾好家庭，不仅是指夫妻及子女的小家，还有父母、其他亲人在内的大家庭。女人若是不能够照顾好自己的公婆父母，不能够和妯娌伯叔相处和睦，就算在职场上拥有再多的人脉也不能够说她的情商高。就算事业上再忙再累，自己的家庭和家人总是好女人们关注的第一位。

第三，爱自己，有上进心。

一个女人只有爱自己，让自己一直健康美丽，并且不断进步，丈夫才会持续地爱你。在二十几岁的时候，每一个女孩都有年轻的活力和吹弹可破的肌肤，都像黄金一般美丽，但是这种美丽是粗糙而又短暂的，如果不加以护理，它就会随着时间飘散。作为一个女人，保持魅力的方式就如同一本书，内容单调、纸质粗糙只会让人翻了两页就不想再读，若是故事曲折动人、内容精彩、发人深省，这样的女人，才是一本常年热销的好书，她的魅力只会随着年龄的增加而赋有更多的成熟韵味。

第四，亲自给家人做饭，以及清洁自己的家。

天海佑希在《GOLD》（即《金牌女王》，日本电视连续剧，2010年播放）中饰演一位以事业和培育子女的成功而闻名的母亲，电视剧有这样一句台词："作为一个母亲，做饭和清洁是一定要亲力亲为的两件事。"一个好妈妈或是一个好妻子的形象，很大一部分是和"暖暖的菜肴"以及"干净舒适的家"联系在一起的。亲手给自己所爱的丈夫和孩子做饭，这将会成为他们心中永远的"家的味道"。同时，也只有一个干净整洁的家才能让家人们感觉到温馨舒适，作为女主人，应该为自己的家庭营造出一种这样的氛围。丈夫在外辛勤工作，回到家当然是希望有一杯热茶可以喝，一个热水澡可以洗，当然还会期待有自己妻子的理解和笑脸。

第五，找一个尊重、支持你的丈夫。

爱情总是甜蜜的，青春总是美好的。但是爱情不是生活的全部，"有情饮水饱"也只是空话而已。从长远考虑，爱情的基础是有足够的物质条件，能够让两个人都不为五斗米折腰，能够追求一些精神层面上的价值提升。社会并没有期待女性能够有多少个性和能力，所以女性在追求自己的梦想时，很容易遇到社会上的歧视等障碍，在这个时候，来自家庭的支持就必不可少。

一个懂得尊重女性、懂得帮助女性实现梦想的男人，本身也一定是一个优秀而又包容的人，只有这样的人，才值得去爱，值得与之一生相守。

作为一个女人，虽然在自然界被当作更脆弱的一方，但是我们自己不能将自己的命运完全寄托在男人的身上，要自己修炼，给自己一个足够强大的灵魂。

克林顿和希拉里都是耶鲁大学毕业的。克林顿知道希拉里的前男友是修理汽车的，在他当选了总统之后，就对希拉里说："你选择我是英明的。如果你选择了他，现在可能还和他一起在耶鲁修汽车。"希拉里反唇相讥："如果我当年选择了他，他早就当总统了，你还不知道在哪儿干什么呢！"

克林顿虽然有210的高智商，但在竞选总统时，若没有希拉里这一得力干将的付出和帮助，克林顿也不会有后日之辉煌。希拉里对克林顿来说有着毋庸置疑的影响。

我从来没有想过凭着自己这几年黄金的青春、年轻的身体和容貌就能够换来一个从天而降的好丈夫。

我努力学习外语，读书看报，走出国门独立生活，这一切都只是想让自己成为一个更加成熟、沉稳和全面的女性。

当我洗脱了自己身上的稚气，我才能够沉稳淡定地处理随处可见的挑战；当我学会了照顾自己，我才能够爱别人；当我自己拥有一个独立的灵魂，我才能够获得我所期冀的、来自爱人的尊重和支持。

我努力生活，只有这样，当我遇到一个好男人的时候，我才能够理直气壮地说：

I deserve this.（我值得这一切。）

我不奢望自己成为多么有钱、多么有社会地位的女性。在我眼中，女性的成功无异于两个字——平衡。掌握好家庭与事业的平衡，掌握好爱情与亲情、友情的平衡，掌握好生活的张弛度，掌握好人生的平衡。我学着关心、学着欣赏、学着分享，爱别人也是一种需要培养和练习的能力。我努力地做这些，只是坚信，更好的我才能够配更好的你。

女孩，在二十几岁的年纪，谁都是迷茫的，没有地位，没有钱，未来也看不清。

But，seize the opportunity when it comes alone. Cherish your life, your lover.（但是，请你做好准备，当机会出现的时候，你才有力量去抓住它。珍惜你的生活、你的爱人。）

请相信，只要你努力生活，生活就会给你最好的东西。

（02）章

别因为
逞强

让自己
遍体鳞伤

女 人 若 能 柔 弱 ， 何 须 动 用 坚 强

惟愿你不再经受我所忍受的

"不会错"先生今年三十六岁，"不怕输"小姐今年二十二岁。

他们相遇在一个街角的路口，像小说里的情节一样，只不过不是一见钟情。

"不会错"先生注意到"不怕输"小姐，是在秋天微凉的晨风中。他看见脸上带着学生气的"不怕输"小姐，踩着六厘米的高跟鞋颤巍巍地从挤成沙丁鱼罐头一样的公交车上跳下来，然后整了整衣襟，对着手机屏幕照了照头发，最后带着决然的悲怆一头扎进另外一个沙丁鱼罐头一样的招聘会。

"不会错"先生觉得这表情很熟悉，熟悉到仿佛看见很多年前的自己。这表情生涩得像是没熟的苹果，带着对未知世界的一点好奇和一点恐惧，让人又怜又爱。

一进会场，"不会错"先生又看见了"不怕输"小姐。她站在整个会场最好的公司的展台前，微低着头，带着些许紧张和期待。她明明在人堆里那样不起眼，却被他一眼发现。

于是他放慢脚步，听见那个公司负责招聘的人力经理带着轻蔑的口吻问她："你就穿成这样来参加招聘会，还想做服装设计？"

　　而她的回答没有什么技巧甚至显得生硬，一张脸淡定异常："我穿成什么样也不能否定我的专业能力，你们这样以貌取人是不对的。"

　　多年以后，"不会错"先生和"不怕输"小姐每次谈起这件事，"不会错"先生总是说："其实招聘经理这种角色啊，有时候只是试探你一下，看看你面对突发事件的反应和情绪化的程度，何必跟他们讲什么专业能力。人嘛，能装的时候还是要装一下的。"

　　你看，"不会错"先生在对着"不怕输"小姐的时候真是永远也不会错。如果不是那一句话，"不怕输"小姐可能早就进了那家公司做服装设计，每天开着自己的车或者是打车，"砰"的一声甩手关上车门，然后昂首挺胸地走进高档办公室。而不是像现在，每次出去带着几十斤的摄像器材，赔着笑脸小心翼翼地提问采访，连吃饭都没有正点，每天回家被各种自己和别人的情绪淹没。

　　当然这只是"不会错"先生的感受，而"不怕输"小姐则会笑眯眯地回应："去那个公司有什么好，每天肯定要压抑死，至少就不能遇到师父你了。"

　　"不怕输"小姐总是这样，带着年轻人无所畏惧的乐观和一往直前的勇气，连乌云都能画出条金边来。

其实"不会错"先生依然没有错。当又过了许多年之后，"不怕输"小姐有了自己的孩子，当那孩子长大毕业走向社会，"不怕输"小姐跟他说了几乎同样的话。

她说起这话的时候像是想起了什么，唇角的笑意居然有一点苍凉。

我不曾得到的想要你都得到，我曾经忍受的想要你不再经受。

疼爱就是这样，也不过如此而已。

"不怕输"小姐谈了恋爱，喜欢上一个酒吧的驻场歌手，那歌手有着亮晶晶的眼睛，唱歌的时候总是深情地看着"不怕输"小姐。"不怕输"小姐对"不会错"先生说："我一定要嫁给他。"

"不会错"先生嗤之以鼻："门当户对的爱情不一定幸福，门不当户不对的爱情一定不幸福，你们俩没戏。"

"我不信，我们一定会在一起的。"她赌气说，心里却为了这句话默默生气了好久。直到她不知多少次把烂醉如泥的歌手从酒桌上拖回来，直到她不知多少次看到歌手当着她的面给其他姑娘抛媚眼，直到歌手跟她说："你一个女人要什么事业，以后不过在家洗洗衣服、带带孩子。"

"不怕输"小姐忽然不再爱歌手了，真的是一瞬间的事。

"刚开始爱的时候两个人是在做减法，眼里除了爱与彼此再无其他。可陷入爱情中的人却不得不做加法，一点一点渗透对方的生活、成长背景和家庭，直到不堪重负。"

这句话还是"不会错"先生说的。

"不怕输"小姐恶狠狠地在冷风中吐一口气："真是不能再对了啊！"

此后"不怕输"小姐很久都没有再谈恋爱，久到她有一点点担心。于是她问"不会错"先生："喂，师父，你说我是不是不会再爱了？为什么我现在看见男人都没有感觉？不会是得了分手后遗症吧。"

"不会错"先生掐灭手上的烟头："去去去，就你这性格还后遗症，你不把别人气出后遗症就算好了。"然后挥挥手把她赶开，低头摆弄器材。

三个月以后，"不怕输"小姐收到"不会错"先生从日本寄来的明信片，乐园里的过山车好像扎进了云霄，"不会错"先生写得一手正楷好字："你还年轻，没有任何过不去的事，即使满盘皆输也能满血复活，所以有什么可害怕的？去爱、去恨、去选择都是年轻人的特权，可惜我已经老了。"

这一次他又对了，"不怕输"小姐没多久就找到了新的男朋友，并顺利地走进了婚姻的殿堂。

她依然和"不会错"先生一起工作，当然，"不会错"先生在工作上更是从来没有错过。过了一年，"不怕输"小姐得到了升职机会，她还在纳闷升职为什么来得这么突然，然后就得到了"不会错"先生要离开的消息。

简单的交接之后，"不怕输"小姐携家属去机场给"不会错"先生送行。

"不会错"先生说："你记着，今后别这么急性子，做事情不要着急，经营婚姻也是。"

"不怕输"小姐笑嘻嘻地敬个礼："记住了，师父，师父永远不会错。"

然后这个故事就没有然后了。

许多年后的某一天，当"不怕输"小姐已经成了"不怕输"女士，笑起来的时候再也不像石榴花而更像一棵忍冬时，她收到了一张没有署名的明信片。

"我曾经以为离开是最正确的事，可这是我唯一犯过的错。"上面手写的正楷小字像是印刷上去的。

  "不怕输"女士微微一笑，将明信片夹进书里，低头半晌，不过一声叹息。

  这是他唯一的错，她又何尝不是呢？

  她从来都不害怕输，只有一次不曾有勇气开口，生怕被拒绝之后无法自处，而一次胆怯就抱憾一生。

  这是他们再也不会回来的遗憾和曾经。

不逞强也是一种力量

浙江大学法学院有个名为今井弘道的日本教授，头发花白，亲切和蔼，平日爱戴个贝雷帽。

他虽然七十多岁了，但和学生们没有一点距离，常和我们一起吃饭聊天，我们都亲切地喊他"今井老爷子"。

我去日本留学之前就认识他了。因想了解与日本相关的问题，我曾经去他的研究室里拜访他。他的生活很简单，不会说中文的他，总是一个人在研究室里看书写作。来杭州许久，一直是食堂、宿舍、研究室三点一线的，仅仅去过一次西湖。

作为本地人，我义不容辞地提出要带他去周围逛逛。

老爷子"咯咯"笑着，欣然应允。

他问我要不要先买一张地图，我信心满满地对他说，自己在这个城市生活了二十年了，路都认得门儿清，有我指路就足够了。

可是坐上他的那辆白色老爷车之后，我还真有些傻眼了。他想去看看刚开发出来的景区、当年冯小刚拍摄电影《非诚勿扰》的外景地——西溪湿地，可是我只知道西溪湿地在城市的西边，具体应该怎么走，中间有哪些单行线要避开，我却一无所知。

但只要一想到自己刚刚才夸下的海口，我就不好意思承认自己不认路。明明是本地人，怎么能认怂呢？

我在脸上装出一副胸有成竹的表情，其实全凭着直觉在给老爷子指路。我心里刷刷地冒着冷汗，一直默默祈祷自己指的路没错。

车一直开着，周围的环境由熟悉转变成陌生，我的心也渐渐沉了下去。

虽然景区有点远，但也不至于开这么久还不到吧？我心里不免犯起了嘀咕。

开车的老爷子虽然一向冷静，但到了这时候也沉不住气了。他不断地问我究竟还有多久，怎么还没到。那时我还是嘴硬着不肯承认自己根本不认识目的地，只是一个劲地让他往前开。

当车开到一个几近荒凉的地方，我终于缴械投降，承认自己对路也不熟。乖乖下车问路，才发现我们早在之前的路口就拐错了方向。当时老爷子问我该向左还是向右，虽然心里不确定，但是为了面子上能够撑过去，我还是装出毫不犹豫的样子指了指右边。就这样，我的执拗和逞强让自己和目的地渐行渐远。

在比预期时间多花了一个多小时之后，我们终于来到了目的地。

看到我像一只被戳破的气球一般泄了气的样子，老爷子很和善地轻轻拍了拍我，他说："如果做不了的话，就承认自己做不了。我们可以用别的方法，可以看地图，也可以用GPS，不要让自己在错误的路上走得回不了头。"

一年后，当我从日本回到浙江大学法学院的时候，我认识了梁安娜。

因为之前在日本为期一年的交流生活，已经大四的我缺席了很多专业课。曾经的同窗们都已经开始忙碌于实习或是考研，大多都淡出了上课下课的校园生活，我却还要经常穿梭在各个大三学弟学妹们的专业课堂里。

学生当中，只有安娜和我一样，已经大四了却还赶场似的上课，像个陀螺似的连轴转。

我们因忙碌的大四而成了"患难之交"。在和她熟识之后，我才知道安娜原本的专业是工科，在读完两年工程方面的基本课程之后，大三才转到法学专业来。再加上半年在德国交换留学的经历，她要在一年半的时间里修完一般人读四年的课程。

从曾经的工程到现在的法律，梁安娜在这两个看上去水火不容的专业之间游刃有余地转换，这不免让我心生佩服。

只是我心中也充满疑虑，之前的专业都已经学了两年了，为什么突然转专业呢？我这样问安娜的时候，她把头低了下去，轻声地说了一句："学不下去了呗。"

高考报读专业的时候，安娜听从家长的建议，选择了当工程师的母亲所推荐的专业。她真的是一个很努力的人，尽管刚开始两年的学习压力很大，她还是尽量一丝不苟地完成老师的所有要求。直到有一天，她在听了法学院举办的一场全校范围的讲座后突然醒悟，发现原来自己选择的专业并不是自己喜欢的，而真正可以让自己燃起学习激情的，是法学专业。

"其实要硬撑着学下去也是可以的，"安娜说，"可是我并不适合工具和实验室，如果只是为了面子而麻木地学下去，很辛苦。"虽然一切都要从头开始的话，学习强度会变得非常大，但是因为是自己喜欢的东西，安娜心理上的压力就减轻了。

她说，相比之下，自己更喜欢现在的状态。

我想她之前在工科学习的时候应该也是个努力用功的孩子。可惜一开始的时候选错了专业，越学越不对劲，越学越觉得自己所学的专业并不是真正适合自己的东西。

"虽然晚了，但是现在改变还来得及。"她这样对我说。

好久不见，我发现朋友西西消瘦不少，下巴都变尖了。我问她最近在忙什么，她告诉我，自己为了申请国外名校的研究生项目而忙得焦头烂额。

她为了写申请时递交的学术报告，奔走于多名教授之间，每天早出晚归，不仅把整日整夜的时间都贡献给学术研究，还时不时地要承受某些老师对她学术的质疑。

"为什么要这么拼命呢？"我问她。她眼泪汪汪的，让我觉得心疼不已。

"名校的要求都很高，我怕写得不够专业，他们会不要我……"西西带着泪花的大眼睛忽闪忽闪的，"但我只是个本科生，对许多法学问题的研究并不深入，我请教的教授们都说我的文章不够完美，可是他们对我提出的要求我短期之内根本没有办法达到。"

"尽力就好了，为什么要强迫自己做根本做不到的事呢？"我安慰西西，"你不过是一个本科学生。我相信你要申请的学校也会理解，一个本科学生的学术水平大概是什么样子。如果你并不是一个学术天才，却强迫自己写一篇超越自己学术能力范围的文章，就算他们录取你，他们也将以对一个学术天才的要求来要求你。在将来的学习生活中，你能够保证自己一定会适应那么高压的学术环境吗？"

西西摇摇头，她说如果一辈子都要她这么逼着自己，那日子也太辛苦了。

"还是量力而行吧。"我劝她说，"倒不如就按照你自己真实的能力写一篇报告，如果他们录取你，那就说明他们课程的难易程度和学术水平正适合你，你的压力也会小一些，不是吗？"

每个人的实力都有限，不是每个人都是学术天才，或是优等精英。过度用力就如同过度拉长一根弹簧，恐怕只会把自己拉坏。

别把事都看得太重，就算是工作也只不过是一个饭碗而已，不要一下子把自己全部的力气都花下去，要找到真正适合自己的方向。只有量力而行才会发挥最大的力量。

M小姐和我哭诉她短命夭折的爱情。

她喜欢一个男孩，无数次把握机会，主动出击，终于为自己赢得了接近男孩的机会。但是男孩好像一直都表现得相对被动，M小姐总觉得他好像并不那么爱自己，但是她一直坚信，时间会改变他的心。

通过M小姐的不断努力，终于在某一天晚上，她向男孩表白了。男孩虽然思索良久，但还是同意和她在一起了。

开始的几天，好像一切都很和谐，但是幸福的钟声终究没有回荡太久。

他们在一起的第四天，M小姐告诉我他们已经分手了，原因是M

小姐始终觉得他并不太爱她。本来就缺乏安全感的她，在恋爱后更迫切地希望他能够给她承诺。但他却直接告诉她，如果出现他更喜欢的女生，他会跟那个女孩在一起。他对M小姐，更多的是感激而不是感觉。只因M小姐不断地向他表示好感，他便觉得两个人在一起试试也未尝不可。

M小姐不能接受这样的关系，缺乏安全感的内心和敏感的性格让她患得患失，于是这段感情草草地结束了。分手之后的她又陷入了纠结与后悔之中，可是男生已经不愿意陪她继续玩爱情游戏。

M小姐不愿意承认这是一段失败的感情，她有时控制不了自己的情绪，还是会给那个男生打电话、发短信，之后又不满男生对她如普通朋友一般的态度。

我只能劝她，男生并不是她想要的人，既然已经结束就该看开一点。她在和男生的感情中已经失败了，现在要做的不是坐在泥沼里痛苦耍赖、怨天尤人，而是坚强地爬起来，把身上的污泥擦拭干净，该养伤的养伤，该恢复的恢复，重新开始，一切都来得及。

我们常常听到这样的声音："我很喜欢这个人。我主动接近他、认识他，给他准备礼物，给他无处不在的关怀。我唯一希望的，就是他有一天能够看到我的好，可以被我感动。"

直到有一天这种愿望终于实现了，因为感动或是种种原因，两个人最后走到一起了。但这个时候，问题也出现了：

"他很少主动找我，每次都是我去问候他。我给他准备了好多惊喜，他却从来不记得我们的纪念日。游戏、朋友，甚至是洗澡，所有的事都可以排在我的前面。哪怕我很生气，他还是可以几天都不理我。他一不理我，我就变得慌乱了，所以打破冷战的任务总是要落在我身上。"

这些感情问题也许都能归结到同一个原因上：某一方在一开始就太过热情、太过用力。

学会不逞强，就是在发现自己走错的时候，学会承认，学会放弃。

要一个人承认自己是错的、失败了，并且做出改变是一件很难的事。我们不愿意承认自己的失败，所以潜意识里，就会利用各种理由来遮掩它。问题看似出在别处，但归根结底还是出在自己身上。

其实，承认自己失败并不意味着得不到自己想要的东西，只是不要再花时间或是精力在你已经知道不可能有结果的人和事上。

既然已经尽力了，把能做的都做了，剩下的做不了的，就不要再浪费时间了。无论是恋爱还是生活，重要的都是体验过程，而不是一定非要得到某个结果。

你放下的，都是应该放下的

我的朋友，很久不见了，原谅我今天才给你回信。

你种种的遭遇让我心痛，你最后的那一句"我如何度过这道坎"，让我感到非常心痛。你觉得那么无助和凄凉，这种心情我明白。

女人生来就是水做的，我对此一直深信不疑。水样的女人有着极其脆弱的一面，很容易被一些负面情绪所伤害。面对生存、自我、情感等问题，女人所感受到的压力，一点都不比男人少。

对大多数女人而言，家庭在心中的比重一定是排在第一位的。这个家，不见得要有多大，多富丽堂皇，但一定要让人感觉到温暖，而温暖是因为有爱。

倘若爱没了，心会知道。室内温度再高，心里也是会下雪的，所以，你冰冻的心，我能懂！

你说你们曾经那么相爱，相濡以沫，曾许下那么多的海誓山盟，你们那么艰难都走过来了，为什么能共患难，却未能同富贵？

我的朋友，你忘了吗？

"等闲变却故人心，却道故人心易变"，女人有时太天真，以为许下的誓言会坚如磐石。两情相悦未必换得来生死相依，何况一厢情愿？人生无常，海誓山盟不过一场美丽的烟火。

如果你积极尝试过后，仍旧唤不回昔日的爱，那就放手吧！给爱放一条生路，也许还能彼此留有三尺尊重的余地。若不依不饶，一心作茧自缚，去做无谓的强求，结局只能是两败俱伤！

很多时候，男人与女人是彼此心上的一道抹不掉的伤痕。那是一道看不见血的伤痕：尖锐，细密，隐痛！

你说你心里其实想忘掉他犯的错，希望两人重新开始生活，但无论怎样努力，就是回不到从前。你说你看不到他的一点悔意，自己对过去终究也还是耿耿于怀。

我们不是天使，哪怕再虔诚的双手，也无法改变已生活过的轨迹，这样的无奈我深有体会！但任何问题都有解决的办法。我们为什么要自哀自怜，愤懑怨恨，每天在黑暗的泥沼里作践自己呢？

如果是他犯下的错，你为何要来惩罚自己？

理智而有智慧的女人，知道什么时候该坚持，什么时候该守候，更懂得什么时候该放弃！与其让自己在暗夜里沉沦，不如让自己在阳光下绽放美丽。微笑地面对今后的每一天，也许在未来的某一天，会有人因你迷人的微笑而对你一见钟情也说不定哦！

放弃一个伤害你的人，不可惜！因为你要相信，你终会遇到一个更懂得爱护你、珍惜你的人！

不要再计算谁比谁付出得多。爱不是一道算术题，不是能用计算器演算出来的。爱，你情我愿，两不相欠。不再问谁是谁的因，谁是谁的果。该来的来，该走的走，顺其自然吧！

若还放不下，就要学会"善忘"，"善忘"是一种境界。不要再在旧日的伤口上来回摩擦，谁都经不起这样的折腾！试着忘记过去，忘记过去的自己，忘记过去的那个他，你知道你应该这么做！

说千言，道万语，无非都是心中事。有也罢，无也罢，唯有一个"情"字难放下。落笔到此处，还是那句话：

如果不幸福，如果不快乐，那就放手吧！如果舍不得，如果放不下，那就痛苦吧！

只是，我的朋友，最后想再轻轻地对你说一句：别给同一个人两次伤害你的机会。

这句话说给你，也说给我自己……

不要让亏欠成为一种罪

年轻时，谁不曾做过离经叛道的事？可是，如果一直把叛逆当个性，玩世不恭地生活，既是对自己的不负责，也是对亲人的不负责。

有些人，已然成年，却没有成熟的心理，仍然让父母操心不止。而有些父母，总是觉得亏欠孩子，认为自己没能给孩子做出最好的安排，却意识不到让孩子学会独立生活才是最重要的。

最近，有个邻居来我家做客，我叫她邹阿姨。妈妈说，每天买菜的时候，都会看到邹阿姨在一家店铺门口和一群人跳广场舞。而邹阿姨每次跳完舞，妈妈刚好买完菜回家，这一来一回，妈妈就知道了邹阿姨住在我们对面那幢楼里。

邹阿姨生性开朗，跟妈妈很谈得来，她们很快就成了好姐妹。邹阿姨这次来我家是要找妈妈聊聊家常，不过这个家常一直令邹阿姨很烦心。

邹阿姨告诉妈妈，她儿子一天到晚吵着换工作，她为此已经托人找了好几次，中间还把很多熟人得罪了。她现在都不敢跟那些熟人一起出去聚会，都不知道怎么面对他们。她说，为了儿子她把自己的关系圈都给搞砸了。妈妈问她，她儿子干吗一天到晚换工作，现在多难找工作啊。

邹阿姨说，她儿子初三的时候从楼上摔下来过，躺在床上养伤将近一年，这之后学习就一直跟不上，老师建议说最好重读。可她儿子自尊心很强，觉得重读就像留级似的，就说干脆随便上个技校得了。当然，这不能全怪她儿子，这都是因为邹阿姨以前家庭条件不好，住的房子太旧了，阳台不知道怎么的就突然掉了一大块，她儿子正好站在阳台上，就摔下去了。幸好只是二楼，不然她儿子可能会摔死。

对于这件事，邹阿姨一直感到很愧疚，认为是自己太没用，买不起好房子，才连累了孩子。所以，从这之后她就把心思全部花在了工作上，决心给儿子换套舒适的房子，创造良好的环境。邹阿姨的丈夫是个老实人，在家具厂做木工，工资并不高，因此，家庭的重担基本上就是邹阿姨在扛着。

因为那次意外，邹阿姨想让儿子考大学的事成了泡影，她就开始留意能不能找熟人帮个忙，等她儿子技校毕业后给找个好一点的工作。

三年前，邹阿姨考虑到儿子长大了，也快毕业了，就拿出家里辛苦攒下的积蓄，在我所在的小区买了一套一室一厅的房子，主卧给儿子住，她和丈夫就在客厅搭了个床铺。真是可怜天下父母心。

前年，邹阿姨的儿子毕业了，可是他性格比较内向，做事还有些暴躁，很多次去用人单位面试，交谈几句后就没了声音。

邹阿姨知道后很着急，就赶紧托了一个在面包厂工作的朋友，帮忙把她儿子安排到面包厂里工作。对方倒是很热心，也能做主，连面试都说不用了就让她儿子直接去上班。

邹阿姨很高兴，第二天就带着儿子去了。一开始，儿子答应在那儿好好上班。可是不到一个星期，儿子就回来说整天运货卸货的，实在太累了，他不想干了。邹阿姨心疼儿子，就说再想办法给他换个工作，但是让他好歹先做着。可谁想，她儿子转身就找人事部的负责人辞职去了，都没跟邹阿姨的朋友打个招呼。

于是，邹阿姨的朋友被上级骂了一通，说她请回来的人怎么这么胡闹，还问她是怎么批准面试通过的。

邹阿姨知道后心里很不是滋味，想赶紧上门赔礼道歉，可人家正在气头上，根本不理她，还挂了电话，这关系也就一下子弄僵了。

后来，邹阿姨的儿子在家里闲了一阵子。邹阿姨没办法，只好又去找人给她儿子介绍工作，这回她又是说好话又是送礼物，希望人家给她儿子找个清闲舒适的工作。邹阿姨来来回回跑了好几趟，总算给办妥了。那个朋友给她儿子找了一个国企刚转私企的单位，让她儿子在那里做物业管理，平时都很清闲，不是很累人。

邹阿姨的儿子听了，觉得这差事不错，就开开心心地上班去了。

可是上班不到半个月，他就和人吵架了。

邹阿姨火急火燎地赶了过去，问怎么回事。她儿子说，这里的人根本就是欺负人，他上班到现在都是夜班，凭什么呀，大家都拿一样的钱，干吗给他安排那么多夜班。

这一吵一闹的，物业经理就让他不要做了。她儿子脾气也不小，对物业经理说"不做就不做，你自己慢慢做吧"。

这件事发生后，当天晚上邹阿姨的朋友就找上门来，说那里的物业管理员都是半个月轮流倒换一次夜班，她儿子上班那天人家刚倒了班，刚好轮到她儿子上夜班，下半个月就是上白班了，怎么可以这样无理取闹呢？

邹阿姨不停地说不好意思，不停地道歉，可是这事闹成这样，确实让介绍人一肚子火，也弄得很尴尬。要知道，邹阿姨的儿子被辞退了倒是干脆，可是继续在那儿工作的介绍人要怎么面对同事和领导呢？

　　连续出了两个状况，邹阿姨再也不敢托人给她儿子介绍工作了。她儿子还真是不懂事，不给他找工作，他就吃家里、用家里，毫不客气。

　　一直待业到了去年四月的时候，她儿子主动说，让她再想想办法。因为，他那些朋友跟他说，没有工作是找不到女朋友的。

　　邹阿姨满是叹息，这样不成材的孩子还怎么去跟人谈恋爱？

　　可是，人总是要结婚的不是？

　　于是，邹阿姨再次拉下老脸，去请求朋友们。

　　一个月后，朋友们好歹给她儿子找了份工作，是在一家小广告公司里做文员。平时就打打字，给人复印文件。

　　为了能赶紧找个女朋友，邹阿姨的儿子总算决定好好做事了。去上班的前一天，邹阿姨也是苦口婆心说了一大堆，给他做思想工作，希望他一定要好好珍惜这份工作。

　　儿子虽然去上班了，但是邹阿姨的心里一直七上八下的。

　　好在，邹阿姨儿子这次总算是长进一些了，工作上的事都及时完成，领导反馈说做得还可以。

　　后来，邹阿姨的儿子通过朋友的朋友认识了一个女孩。女孩见邹阿姨的儿子长得高高瘦瘦，样子还不错，就答应交往一段时间，也就这一段时间让邹阿姨感到最宽慰，最放心。

可惜好景不长，女孩把邹阿姨的儿子在一家小公司当文员的事告诉了自己的父母，她父母坚决不同意他们交往。一来，邹阿姨的儿子大学都没上过，学问不太够；二来，这份工作根本没有前途，工资很低，自己都勉强糊口，还怎么养家？

于是，女孩的父母坚决不让她再跟邹阿姨的儿子交往，女孩也觉得父母说得有道理，就和邹阿姨的儿子提出了分手。

这可就让邹阿姨的儿子有些气急败坏了，他差点动手打女孩，幸好女孩是和一个好朋友一起来的，不然她就跑不掉了。

就此，邹阿姨又陷入了愁苦里。

没了女朋友，邹阿姨的儿子上班也没心思了，领导叫他复印文件他不去，叫他打印文档他也拖拖拉拉，不出三个月他就被辞退了。

邹阿姨说，她现在还在上班，收入还算稳定，能养得起儿子。可是一旦退休了，只靠那些退休金，她真的不知道该怎么办了。

我和妈妈也没有更好的办法帮助邹阿姨，毕竟这一路上她儿子养成的坏习性太多了。不能说无药可救，但也是江山易改，本性难移。

邹阿姨对儿子的歉疚我和妈妈都能理解，但是歉疚不是一辈子的赔偿，而应该是一种对生活的思考和解读。她需要让儿子知道的是，她为了让他摆脱贫苦的生活，凭借的是自己的辛劳和汗水。她不能因所谓的过失一直补贴儿子，而应该让他自食其力，为将来筹谋。

不要让亏欠成为一种罪，换一个思考模式，换一条路去尝试，也许你就豁然开朗了。我想，邹阿姨会明白的。

对于邹阿姨的儿子，我想对他说：漫漫人生中，能拯救你的人只有你自己，能让你学会淡然处之的人也只有你自己。为了让自己的前程和人生变得更美好一点，多付出一些难道都做不到吗？

我不愿让你爱到没有余地

小白有个初恋男友，叫大徐。可是，对小白而言，大徐是她最不愿意承认的恋人。爽朗大方如小白，一旦有人敢提起她的恋爱史，也会换来她飞刀似的白眼，分分钟把人割得遍体鳞伤。

小白结婚前夕，请我们一帮闺密吃饭。"告诉你们哦，我前几天出差去宁波，居然见到大徐了。他像个老头子一样，穿着一件汗衫在公园里遛弯，才二十八岁啊，就开始发福了，啤酒肚好大，看上去跟三十多岁似的。"饭局上，小白眼睛亮亮的，像是发现新大陆一样狂喜，笑容里带着一种恶毒的咒怨，"我现在好庆幸当初没跟他在一起。"

一帮人赶忙迎合："是啊是啊，你看你要嫁的人多好，事业有成，温柔体贴，爱你爱得惊天动地，就连身材都一级棒，哪儿比不过那个'中年发福'的徐某某。"

小白很受用地笑了笑，举杯的时候笑容里却又掩不住荒凉和失落："可是，那天我看到大徐推着一个小婴儿。当初说爱我一辈子的人，我还没结婚呢，他都已经推着孩子散步了。"

　　小白和大徐曾经是学校里最传奇的一对，以至于当《致我们终将逝去的青春》热映时，我们都觉得他俩就是剧中郑薇和陈孝正的原型。小白从小就过着公主般的生活，被高干退休的外公和外婆像珍珠一样捧在手心。她的父母双双下海，经商有道，在同龄人还不知道电脑为何物的时候，她就已经成为第一批"冲浪人"。可惜生活不是故事，她并没喜欢上高、富、帅的王子，反而跟骑士，不，平民百姓大徐走到了一起。

　　大学期间，他们小心翼翼地爱着。大徐总是告诉小白，恋爱这种事情不需要声张，秀恩爱分得快。而且他们又不在同一个系，知道的人并不多，就连小白的父母也不知道。

　　大徐家小白倒是去过几次，他父母都在外打工，家里年迈的奶奶每次看到小白都会笑得合不拢嘴，将口袋里快要化掉的糖像宝贝一样塞到她手里，小声催促道："快吃，别让大徐看见了说我偏心。"

　　公主小白最大的优点就是没有公主病，她面不改色地接过来，剥掉已经被捂得发黑的糖纸，毫不犹豫地含在嘴里，回个甜甜的笑容："谢谢奶奶，真好吃。"

　　这样的恩爱持续到大学毕业，却被命运开了残忍的玩笑。小白的父母知道这段恋情后坚决不答应，动之以情，晓之以理地劝她："不是爸妈嫌丢人，你从小就吃穿不愁，跟着大徐过苦日子，我们怎么能放心？他想娶你不是不可以，反正你还小呢，等他三年，如果他在这三年里可以证明有能力照顾你，爸妈绝对会把你风光地送出门。"

小白心里清楚，在这个城市里没根没基的大徐根本不可能在三年内做出什么事业，甚至"有能力照顾你"本身就是个巨大的陷阱，因为没有具体的标准，显得更加不可能满足。

她把这事告诉了大徐，大徐愁眉苦脸地说："要不然咱俩私奔吧，到南方去，或者索性在家门口学卓文君'当垆卖酒'。"

她哼了一声："死开，说点正经的。"

大徐揉了揉她的头发，随之低下头整理自己打印好的简历，安慰说："别急嘛，你爸妈说得对，你还年轻呢，不急着一毕业就谈婚论嫁啊，反正都是要进我家门的人，迟一点早一点都一样。"

她娇嗔着打了他一下："别得意，以后的事谁知道呢。"

小白没想到，她无意间说出的话，却不幸一语成谶。

三年很快过去了，大徐找的工作毫无起色，三年里甚至没升过职。小白没有一点怨言，依然带着大徐去见父母。那天，大徐遭到了小白父母的轮番质问和指责，被说成是"养不起女人的男人"。小白对父母的态度很不满，拽着大徐的手跑出家门，郑重其事地问他：

"你到底愿不愿意娶我？你要是说愿意，我明天就去辞职，咱们一起去其他城市，我不信生米煮成熟饭了我父母还能不认。"

大徐还是像当年一样揉了揉她的头发："当然爱，可是你别急嘛，这种事要慢慢来。你再耐心等一等，你父母总会同意的。"

小白近乎崩溃地大喊："你能等，我不能等，我今年已经二十七岁了。你知道周围的人怎么说我吗？他们都以为我有问题，谈了七年恋爱还不结婚。我明明有男朋友还要被逼着相亲，我受不了，真的受不了。为什么只有我一个人在抗争，为什么我爸妈说什么你就听什么，为什么我们在一起要这么累，你到底想不想娶我？今天要么你带我走，要么就分手算了。"

这原本是赌气的话，他却愣愣地看了她一会儿，眼中带着隐忍的悲伤，伸出手替她拢了拢哭乱的头发，擦了擦她哭花的眼妆，说："要不咱们先分开一段时间，冷静一下吧。"

这分手太过爽快与戏剧化，以至于后来小白每每谈起的时候都恨得咬牙切齿："真后悔，当初我怎么那么善良，只给了他一个耳光呢？我应该把他打翻在地，狠狠地踢上几脚。"

回忆起往事，小白在饭局中不停地向我们发问：

"你们说，怎么会有这么自私的人呢？我拼尽了全力想跟他在一起，他却一点责任也不想扛。

"现在想起来觉得自己真傻，他说不告诉同学，我就不告诉，他说不告诉家人，我就瞒着，原来他根本就没打算跟我在一起。

"你说我到底哪点不好啊，他为什么就不能为我坚持一下呢？"

她每一句的自问，都暗藏着想不通和不甘心。

最后一次举杯，她抹掉眼角的泪微微一笑："唉，以后不想了，我就要结婚了，跟他再也没有关系了。"

然后，她就像无数小说里最终归于平淡的女主角，之子于归，宜其室家。

直到小白有机会遇到大徐的老婆，那个女人刚好是小白合作公司分配的联系人。小白自告奋勇地接下了出差的业务，想要看看那个女人究竟哪一点比自己好。

见到那个女人后，小白偷偷给我发短信说："哼，我还以为她有多么惊艳呢，还不是个长相一般、身材一般、能力一般的普通女人。"

项目结束后，她们一起吃饭，小白忽然问："你的孩子不是挺小吗，怎么就出来上班了，家里谁看孩子呢？"

女人笑着看她一眼："我老公啊，小孩断奶之后家里没人管，他就主动辞职回家看宝宝。"

　　小白心里又对大徐鄙视了一番，果然是好吃懒做的本性，居然还让个女人养着。

　　对面的女人像是看出了她眼里隐藏不住的鄙夷，又说："当初我们俩也争过是谁辞职回家，还吵过几架，就差抓阄了。那天早上，他睡醒后跟我说，你去上班吧，我从今天起就不去了，我都觉得跟做梦似的不敢相信呢。"

　　她接着说："他说了，现在社会变化很快，我这个行业需要紧跟潮流，不能在家耽误了。他是个男的，今后想重新找工作也比我容易。而且工作对女人而言就像是一条退路，如果做的是自己喜欢的事，就会很有安全感。"

　　女人又絮絮地讲着她跟大徐的故事，她说了什么，小白听不见。

　　小白满脑子都是她和大徐恋爱时的情景，她记得大徐曾跟她说："你别没事跟你爸妈闹别扭，今后万一咱俩吵架了，你还能回娘家撒个娇。"

　　她记得自己当时的反应是，娇嗔地打了大徐一拳："你不惹我生气，不就行了。"

　　大徐说："不管怎么样，女孩子的娘家都是一条退路，多一些人爱着，总是好的。"

女人讲完自己的故事，忽然看到小白满脸泪水，吓得差点跳起来："你怎么了？我说错什么了吗？"

小白抬起头勉力一笑："没事没事，听见你讲好男人的故事被感动哭了。你嫁了个好男人，恭喜你。"说完，她夺路而逃，留下身后不知所措的女人。

这次事件后，据我所知，小白终于明白了大徐当初的一片苦心。原来，小白当初总觉得爱一个人就要百分之百无条件地占有，就要断绝一切出口岔路，这样一来即使彼此有磕碰、有摩擦，也会因为马入夹道不能回头而心甘情愿地忍下去。

而大徐却不希望小白这样，他不想看到小白为了爱他就跟家人闹翻。他知道小白是个多么心软恋家的人，即使跟他私奔了，她也一定会在夜里哭着想家。

他只想让她过得好，享受着无穷无尽的可能，让她所有的包容和原谅都是出于爱，而不是对生活的妥协。

给她的爱留下退路，才是最体贴的他。可惜小白以前不明白，明白的时候却已太迟。

有些伤痛也能造就美丽

　　去新加坡看望一个好朋友，她叫小琴。小琴去新加坡工作已经有四五年了，我和她也已经有四五年没见过面了。这次之所以去看望她，是因为她要结婚了。

　　小琴找到了能爱她，能呵护她，能为她的人生多倾注一些幸福和快乐的人，我真的很为她高兴。

　　要知道，当年小琴是带着忧伤和担心出国的。

　　事情要从小琴十九岁那年说起。

　　小琴过完十九岁生日之后，她的父亲就跟她的母亲离婚了。

　　就这样，小琴没了父亲，她的母亲没了丈夫。

　　小琴的母亲是在一家公司做审计的，收入其实不错，这些年也攒了不少钱。丈夫的离开虽然令她痛心，但她并没有就此被打垮，因为还有小琴在她身边。

　　为了不让小琴遭受邻里的白眼和议论，小琴母亲就狠狠心拿出所有的钱在别的小区买了一套老式公房。

　　一家人就都搬了过去。

　　小琴一直和外婆住一个房间，也是外婆把小琴一手带大的。可是，最近这些年，外婆的脑子渐渐地不太好使了，得了间歇性痴呆症。小琴的外公死得比较早，所以小琴母亲早就把自己的母亲接来一起住了。

　　可谁想，搬到新家之后，突然出了意外。

　　小琴以前的家在一楼，小琴母亲总觉得一楼太过潮湿，也时常会有虫蚁，所以重新买房的时候选了电梯房，选了四楼。她认为四楼光线好一些，也不算太高，就算电梯坏了也能走楼梯。可是，小琴母亲万万没想到，自己母亲竟然意外坠楼身亡了。

　　那天是周末，小琴不上课，小琴母亲也不上班，外婆一个人坐在阳台上晒太阳。一整个上午都好好的，直到下午，小琴说她同学找她出去玩，小琴母亲就让她去了。随后，小琴母亲就在厨房里准备晚上的菜。

　　下午三点多的时候，外面突然变了天，起了风，好像要下雨了。小琴母亲正在切肉，想着阳台上还晾着衣服，就赶紧放下刀，洗了个手准备去收衣服。没想到，当她走过去的时候，就看见自己的母亲正踩在椅子上，大半个身子伸在窗外。她当即大叫："妈，你快下来，别去收衣服，你会摔下去的。"

　　小琴母亲一边叫一边跑过去，可是来不及了，痴呆的人可能就是这样执拗，小琴的外婆非要伸手去拿最远处晾着的袜子。就这样，她重心不稳，掉下楼去。小琴母亲很本能地伸手去拉，拉是拉住了，可是她拉住的只是一只脚，她母亲整个人就头朝下地悬荡在空中。她死命地用双手拽着母亲，想要把母亲拽上来，可是她力气太小，一个人根本拉不上来。于是，她大声喊："救命啊，谁能帮帮忙啊——"

　　而后，底下经过的阿婆喊道："哎呀，你这么拉着不行啊，你也会被拖着掉下来的！"

　　小琴的母亲死活都不肯放，可是她的身体也确实快要跌出窗外了。

　　这时，一楼的阿姨开窗说："哎哟哟，我把我们家的被子都扔出来了，希望能有个缓冲啊！"

　　"是啊，你妈太重了。"——小琴母亲确实拉不住自己的母亲了……

　　也不过就是一两分钟的事，惨剧发生了。

　　只听"砰"的一声，小琴的外婆就这样从四楼摔了下来，其间还撞到了一户人家的空调外机，跟着再跌落下来。

　　就这样一个缓冲，加上地上铺着被子，小琴的外婆并没有当场死亡。后来，救护车来了，赶紧把她送去了医院。

大概下午四点，小琴回来了，一楼的邻居告诉小琴快去医院看外婆最后一面。

那是怎样惊恐和惶然的一天，小琴无法形容。她一口气飞奔到医院的时候，外婆已经去世了。她傻呆地站着，只听见母亲歇斯底里地在大哭。

小琴不知道为什么自己的家庭总是会遇上不幸和悲惨，她一个人也哭了好久好久。

后来，小琴的母亲非常自责和内疚，一直觉得如果当时不是自己买了这四楼的房子，她的母亲也不会发生意外。

再后来，小琴的母亲就开始变得有些抑郁和精神失常。其实，说离婚对小琴的母亲没有打击那是假的，她只是在强忍着做到坚强。现在，自己的母亲居然在自己的手中死去，她的内心又怎么会不崩溃呢？

之后，家里的重担就扔在了小琴身上，小琴的母亲这样的精神状况，实在不能再担任审计的工作。虽然领导也很同情她，但是这份工作她确实不能再做了。领导开会后，就给她发了一部分辞退金，打发她走了，也算是对她仁至义尽了。

那一年，小琴刚好高中毕业要上大学，她一个人根本不知道该怎么办，她想过放弃学业照顾母亲。好在，周围的邻居可怜她们母女，给她们出主意，说是把这个两室的房子卖掉换一个一室的，这样可以有点现钱在手里，至少可以让小琴上完大学。

至于小琴的母亲，只是这阵子受的刺激太大，有些忧郁和失常，他们相信她慢慢会好的。平时的午饭，他们几个邻居会轮流给她送过来。所以，他们让小琴安心地去上学，毕竟考上大学不容易。

小琴突然觉得她似乎在黑暗中找到了一些光亮，正因为那些好心肠的婆婆和阿姨，她才有勇气和信心继续生活下去……

大学四年，小琴一直都拿奖学金，成绩非常优异。大四那年，她收到了新加坡一家公司的录用通知，让她毕业后即刻去他们公司上班，还签了两年的合同。

那是怎样漫长而磨人的四年，小琴无法言说。

唯一想说的是，她发现她的人生开始慢慢变亮了。

小琴的母亲这几年靠着邻居们的帮助，病情已经康复了，她还去了街道做志愿者，帮助那些也需要帮助的可怜人。考虑到小琴的母亲的积极态度和家庭的困难，居委会给小琴的母亲在街道谋到了一个职位。就此，小琴的母亲开始了新的生活。

而小琴，也安心地去了新加坡。

　　小琴是个很有韧性和思想的孩子，更何况经过这么多的变故，她早就可以独自处理好各种琐碎的事。

　　听小琴说，她丈夫是她在新加坡的同事介绍的，两个人一见如故，就像是认识了好久好久的人一样。

　　男人就是听了小琴一路走来的故事，才觉得她更值得他爱，觉得她是一个独立善良的好女人。

　　小琴结婚那会儿，是我第一次去新加坡。见到小琴后，我觉得她变得和以前不一样了，不再是那个青涩爱哭的小妹妹，而是一个有着优雅气质和强大内心的小女人。

　　在小琴新加坡的家里，我还看到了许久未见的小琴母亲，她穿着一身淡紫色的 A 字裙套装，化着淡妆，给人很高贵的感觉。

　　我很难想象，那个时候的她是多么的落魄和衰老，脸色蜡黄，头发也不好好梳理，整天一副让人心酸的样子。

　　然而，人生的路上真的不会永远都是风霜。

　　听一起喝喜酒的人说，小琴的丈夫自己开公司，好像是做涂料的，家底也十分殷实。小琴嫁过去之后，就不再去原来的公司上班了，只专心帮助夫家打理自家的产业，还要给他生个可爱的孩子。

　　晚上，婚礼开始的时候，我看着穿着圣洁白纱的小琴，觉得她像是电影中的女主角一样灿烂夺目。

　　一个人不管经历过什么，只要不放弃、不哀怨，就会得到一份生活赐予的美好。不管美好之前，我们流过多少泪，有过多少痛，都将会演变成你曾期许的画面，造就另一番美景……

你的选择决定你的生活

每个人的生活都由自己主宰，过得好不好，终究要取决于自己的选择。

我有个远方亲戚，按辈分而论，要管她叫二姨。听家里人说，二姨过得不太好，不过这得怪她事事都要强。

二姨的故事要追溯到二十七年前。

那时，她二十岁出头，人长得很漂亮。村子里上门提亲的人络绎不绝，可是她都一一回绝了，因为她不想待在穷山沟里，认为一旦嫁给了村里人，这辈子就完了。

二姨的想法其实可以理解，水往低处流，人往高处走，谁不想到好的地方去过好的生活？但是二姨的父母不同意，他们偷偷地收了一户人家的礼金，答应了这门婚事。二姨一气之下，偷了父母的钱转手就还给了那户人家，还说死也不会嫁过去。

这样一闹，人家肯定也不敢娶，这门亲事就此结束了。

跟着，二姨自然逃不了一顿打骂。不过她情愿被父母打骂，也不愿就这样断送自己的一生。

　　过了半年，这件事淡了之后，二姨跟着自己的舅舅去了杭州做买卖，就是到批发市场购进一些文具、玩具之类的，再到小区门口和学校附近摆地摊。二姨觉得摆地摊这事又累又不赚钱，便想另谋出路。

　　二姨脑子灵活，也能说会道，居然在一家百货公司找了个营业员的工作。

　　这下二姨可高兴了，摇身一变成了百货公司的员工了，不用再在街上大声吆喝了。二姨上班后很勤快，服装的销量也上去了，领导很满意。后来，公司又新来了一个男员工，戴着一副眼镜，长得斯斯文文的，看着挺老实可靠的。二姨一下子就喜欢上了他，找各种机会跟他搭话，跟他一起下班。二姨长得很清秀，人也灵活，男人觉得她挺不错的，俩人就好上了。

　　谈了一段时间恋爱，男人就把二姨带回家吃饭，给父母看看。谁想，男人的父亲一看二姨就知道她不是杭州这边的人，当即就盘查了她的家底。老人家听完就生气了，很不客气地说："下次我们家你就不要来了。"

　　二姨惊呆了，气氛也变得很凝重。男人当即指责父亲怎么能这么跟人说话，他父亲性子直，就直接说："我们家不需要一个来拖后腿的媳妇。你说我不近人情也好，说我不讲理也好，总之我们家一定要找个门当户对的人进门。"

话都说到这份上了，二姨还能说什么，她转身就走了。

二姨走后，男人也没追，可能是被父亲给拦住了。不过之后的几天，男人也没有去找二姨。二姨这才明白，爱情根本就是泡影。

这时，二姨的舅舅也知道了这件事。不过，她舅舅没有劝她放手，反而说她好不容易遇到个家里有房有钱的，怎么也不能便宜了别人。

二姨听后，陷入了沉思，她想了整整一晚上，觉得舅舅说得对，她不能就这样放手。她追寻的原本也不是爱情，而是想让自己过上更好的生活。

经过一番思想斗争，二姨厚着脸皮找到那个男人，说自己是多么多么喜欢他，没有他简直活不了。男人被二姨的举动弄得有些无措，只好不停地说他家人反对他们来往。可二姨说，精诚所至，金石为开，她一定会让他父母接受她的。

男人并不知道二姨的真实想法，单纯地以为二姨真的很爱他。男人想，既然有个女人那么看重他，他也不能那么铁石心肠。所以，男人决定和二姨一起去说服家里人。

第二次上门，二姨特意带了很多补品。谁想，男人的父亲竟然不领情，再次把二姨赶了出去。

男人觉得父亲做得很过分，找父亲理论。父亲却说，这样厚颜无耻的女人根本不是好人，好女人不会强人所难，会懂得其中的道理。他还说，他如果不这样做，恐怕她还会到他们家里来。

不管父亲怎么说，男人都觉得父亲不可理喻，他毅然决定无论如何也要和二姨在一起。二姨被男人的父亲赶出来后，也很不好过，又找了舅舅哭诉。可舅舅说，那男人家有一幢三层楼的房子，让她为了房子也要拼一拼。

就这样，二姨的心思已经全变了，她的心思全部落在了房子上。

第二天，二姨又找到男人，跟他说，为了和他在一起她什么都不计较。还说，她一定会让他父母看到她的好。男人很感动，把她拥入怀中。

半个月后，男人的父亲出差去了，男人就又把二姨带回了家。男人说，他母亲比较好说话，如果能把他母亲哄高兴了，他们就有机会了。

二姨的身上当即充满了动力。那会儿正值秋末冬初，已经挺冷了。二姨到了男人家，就开始帮男人的母亲做家务，洗碗、洗被子、拖地，一刻也不肯停歇，累出了一身汗。

就这样，男人的母亲有些感动了，觉得二姨能吃苦，还对她儿子那么专一，要是再反对也实在说不过去。于是，男人的父亲出差回来后，他母亲就当了说客，说二姨是多么孝顺，多么心地善良。

男人的父亲自始至终都是不同意的，不过既然儿子和妻子都非要这个女人进门，就算他再反对恐怕也阻止不了。到时候，万一儿子跟着这个女人跑了，那就更糟了。于是，男人的父亲仔细考量之后，还是点头答应了。

婚礼办得很热闹，摆了十几桌酒席，不过大部分都是女方的客人。这一点，也让男人的父亲感到不快。酒席上，二姨的亲戚都说她有本事，嫁得好，男人的父亲听了很生气。二姨的亲戚跑来敬酒，他还给人脸色看。

婚后，二姨渐渐地变了一个人，她不像当初那样勤快地做家务，反而吆喝丈夫去干活。

男人有些不满，不过想想都是一家人了，谁多做一点也都无所谓。

结果，二姨越来越泼辣，动不动就对丈夫吆三喝四。男人终于忍无可忍，家庭矛盾直线升级，他们三天两头就吵架。

这样的争吵直到二姨怀了孕才消停下来，可是她变得更嚣张了，仗着自己为男方传宗接代，竟然命令公婆给她买这买那，要是不买就威胁说要把孩子打掉。

男人的母亲一把鼻涕一把泪，说当初没听老伴儿的话，现在只好被儿媳欺负。可是在二姨的心里，她完全就是在报昔日之仇。

这样的婚姻是无法快乐的，男人也看清了二姨的真实面目，就此不再有爱，只有一声声的后悔和怨叹。

可二姨还是觉得丈夫的父母当初做得太过分，她咽不下这口气。有一天，公公生了病，医生关照只能吃稀饭，可是二姨偏偏做了一桌子的大鱼大肉来气他，还说家里没锅煮稀饭了，要吃就到外面买去。

这样的话，差点没把公公给气死。

婆婆实在听不下去了，就斥责二姨，让她赶紧走，不要再待在这个家里。二姨自然不肯服软，指着自己的大肚子说，这是虐待孕妇。

婆媳吵得不可开交，男人本来在上班都被叫了回来。

男人了解了情况，也站在父母一边，把二姨给赶了出去，随后反锁了门不让她进来。

二姨一气之下，就回了娘家。

两个多月后，二姨的一大帮娘家人突然闯进了男人家，恨不得把男人家砸了。男人看到这架势，有点害怕，就连忙报了警。

后来，二姨的娘家人告诉男人，二姨因为赌气回了娘家，结果不小心煤气中毒昏了过去。男人这才一惊，连忙问怎么样了。

二姨的娘家人说，医生怕孩子窒息就给做了剖腹产，现在母子平安。不过，因为中毒还是影响到了孩子，医生说将来孩子的智力可能比正常人低一些，其他倒是都很正常。

这是怎样的一场闹剧，让两家人都不能安心。

经过这一番经历，男人觉得累了，他父母也觉得累了。他们已经没有力气去责怪究竟谁毁了谁，他们只是不想再见到二姨了。也许有些残忍，把一个有些弱智的孩子留给一个女人。

可男人也真的是伤透了心，决定离开。

后来，男人提出了离婚，二姨自然不同意，不过分居两年终究还是要离的。男人出于道义，给了二姨一大笔钱，还把房子卖了，给她买了一套小房子。而后，他就和自己的父母移民去了澳洲。

照男人的话说，他终于解脱了。

可二姨呢，就此陷入了生活的泥潭里。

其实，强扭的瓜总是不甜的，不是吗？而当一个人的心早已经变了质，那么他的生活也只能继续变质腐烂下去。

纵然二姨对这一切都觉得无所谓，可她原本是可以做出更好的选择的。我觉得她内心的悲痛就像汹涌的波涛一样，总在夜深人静时侵袭着她。这是一种怎样的感受，我相信没有人能够体会。我只是不禁想问，她是否会觉得她一路上做错了太多？她对人生美好的定义是不是太浅薄？

想要过得好，除了物质还有精神。如果败絮其中，那才是最大的悲痛。

你可以忧伤，但要坚强

在网上看到一个女孩的微博，不是特别关注的对象，只是偶然看到的。她发了一条微博，大致内容是：

她今年高考成绩不错，超过了一本线，但自己的男友只上了二本线。为了和男友在一起，她放弃了一本院校的填报志愿，而和男友一起填了一个二本院校。但天有不测风云，感情的事更是飘忽不定，因为一些事情，男友和她分手了，女孩感觉自己"杯具"了！

这样的事，身边也有人曾经历过。表妹大学毕业后，在上海找到了一份好工作。她的男友是北方人，家住某县城。原本俩人决定在上海发展，但男方家长不愿儿子离他们太远，男孩的父亲在当地有一些关系，于是在某单位给儿子找了一个肥差，要求男孩回本地发展。男孩开始是不愿意的，但经不起父母的劝诫，而他本人又是个孝顺的孩子，最后答应了。表妹为了所谓的爱情，也辞掉了上海的好工作，跟着男友回到了他的家乡。

起初，男方家人对表妹还不错，但后来渐渐变冷淡了。县城太小，男方父母给找的几个工作都不适合表妹，不是工资太低，就是工作环境太差，而且专业也不对口。还有，表妹的心理落差太大，加上南北饮食和生活的差异，表妹心情很差。她男友开始还安慰她，慢慢地就不对劲了，渐渐对表妹有了诸多的责备和埋怨。

就在表妹还在为适应环境和改变自己而努力的时候，她男友却说："我们分手吧！你不适应这里，而我也不可能离开这里。"

或许，他说的话是有一定道理的，但还有一个重要的原因，是男孩已经和本地一个门当户对的女孩好上了。

表妹举目无亲，欲哭无泪。幸好她性格倔强，不是那种只知道哭哭啼啼的柔弱女孩。她没有做任何极端的事，只是收拾好行李，重新回到上海打拼。如今十年过去了，她不仅有了自己稳定的事业，还有一个美满的家庭。

回首当年那段不堪的往事，她说：

"千万不要为了爱情彻底丢掉自己啊，男人承诺你的时候，谁知道未来会发生什么状况呢？完全丢掉自己，是一件很危险的事情。女人还是要懂得坚守自己，宠爱自己。"

她还说，在爱情受挫的时候，你可以忧伤，但要坚强！

年轻的时候，我们的确不懂爱情，常常会把过客当挚爱。但过客就是过客，不管你付出怎样的深情厚谊，最终他都不是你生活的男主角。其实，在青葱岁月里，我们都会做傻事，做错事。幼稚，不听劝，瞎折腾，不断彰显所谓的个性。当碰过壁，受过伤，流过泪，我们才知道这是年轻必须要付出的代价。

盲目为爱情牺牲全部，不是呆萌，而是傻瓜。

三毛说："感谢你赠我一场空欢喜。我们有过的美好回忆，让泪水染得模糊不清了。只依稀记得当初，我爱你，没有什么目的，只是爱你。"

女孩都爱幻想，都渴望一段纯粹的爱情，可是现实告诉我们，生活不是偶像剧，别被剧里的那些狗血剧情给熏陶傻了。爱情如果不是建立在实实在在的生活中，就是空中楼阁，不接地气，注定要摔得粉身碎骨。为了所谓的爱情而放弃自己的人生目标和价值，委曲求全，一旦遇人不淑，后悔都来不及！

浪漫的、充满激情的爱情固然美好，但是当它遭遇柴米油盐酱醋茶的时候，往往都要败下阵来。爱情也离不开人间烟火，它不过是生活的一部分。一个人活着有很多责任，有很多事要做，如果因为爱情，而丝毫不考虑现实，是很难生存的。

恋爱和婚姻不一样。很多女人结婚后，可以为了家庭、为了婚姻，选择隐退，相夫教子。这是在婚姻双方的共同友好协商下所达成的共识，是比较稳定和具有可行性的。但也有些女人，却可以做到家庭事业两不误。这样的女人，才是人生大赢家。

所以，感情固然重要，但是也不可随意丢掉自己。女人足够优秀，才会让人喜欢和欣赏。别担心你的成就高过他，会让他没面子。如果这个男人不思进取，那你要这样的男人干吗？他不配啦！

其实，如果那个男人真的爱你，他一定希望你更好，不舍得让你牺牲自己的美好前程。而你若一味拉低自己，那么身处不同平台交流的两个人，最终的结果不是你累了，就是他厌倦了。

而恋爱，作为婚姻的最初阶段，纵然美好，却也充满了变数。在你还没确定这个男人是否值得你托付终身，是否愿意和你一同走进婚姻殿堂的时候，就盲目献身和牺牲，这往往不是明智之举。更可悲的是，当两人分手以后，你还一味沉浸在悲伤之中而不能自拔。

虽然，我们都有一个美丽的信念，相信苦尽甘来，相信"山重水复疑无路，柳暗花明又一村"，可是现实是现实，当我们不能很好地准备好自己时，拿什么爱别人，别人又怎么爱你？所以，努力提高自己才是最明智的。

总而言之，女人要对自己负责，要对自己的未来及人生负责，你现在的态度，决定着你未来的生活质量。

当你放过自己的时候

生活偶尔像眷顾世人的天使，送来徐徐春风与温暖；偶尔又像翻脸无情的怪人，无厘头地泼上一头冷水，浇熄所有的火光，冷却所有的温情。谁也不可能永远活在明媚的阳光下，狂风骤雨总会来袭，纵然不喜欢，也要忍受。人与人之间，也未必都能敞开心扉，冷言冷语的嘲讽和刁难，永远都不会消失。然而，这些都不可怕，可怕的是，在暴风雨还未下起来的时候，人却先浇透了自己。

静怡的第一份工作，是在一家公司做行政助理，那时的她单纯得像一张白纸。她的直属上司是人事经理Armey，除了老板之外，几乎人人都知道，Armey是个"难缠"的人。

对工作上的事，静怡尽心尽力，那份勤恳的态度大家有目共睹。依照她的表现，完全可以提前转正——当时的她刚毕业，手里没什么钱，多拿几百块钱的工资就意味着房租有着落了。她连夜写了一份转正申请，第二天交给了Armey。

Armey看了之后，脸上挂着笑意，说会帮她争取。两周之后，静怡等来的不是转正通知，而是转职。Armey说，公司对内部人员进行调整，门市部的人手不够，想让静怡调去那里工作。静怡不喜欢嘈杂的环境，也就坦白说了自己的想法。谁料，Armey竟说："全国上下一盘棋，人事部的决定都是慎重的。"其实，私底下有同事跟静怡讲过，自从Armey进了人事部之后，总是给公司的职员乱调岗，一个在A区门市部做了几年的老员工，非要把人家调到B区，就算待遇好点，可离家很远，弄得人家也想辞职。只不过，Armey长了一张巧嘴，外加来公司时间也不长，老板目前很看重她，很多事也就任她安排。

静怡骨子里很倔强，依然不肯转职。为了这件事，她跟Armey商量了好久。每次谈话最后，Armey总是用"公司的决定是慎重的"这句话来压她。一气之下，静怡竟然跟Armey在办公室里吵了起来。她指责Armey自私，能力不行，不考虑实际情况就乱调岗，只会巴结上司……静怡的声音很大，一改往日的性情，虽然她讲的都是实话，替很多同事出了心中的"恶气"，但是她在公司里也待不下去了，就主动离职了。

走出公司那一刹那，她感到了轻松，可这份轻松没持续多久，烦恼就来了。刚毕业的她，身上的积蓄不多，想找份新工作又缺乏经验，那个夏天，她一直处于失业状态。生活的不易让她冷静了许多，想起不久前的离职，她突然有点后悔，觉得自己太冲动了。

她扪心自问：当初真的是不愿意去门市部，还是对 Armey 有偏见，不满她的行事作风？如果单纯是工作上的事，难道就没有其他办法解决了吗？冲着 Armey 发脾气，让她在办公室里丢脸，可自己不也丢了工作吗？倘若自己心平气和地接受了安排，难道就没有"翻盘"的机会了吗？也许，Armey 的初衷就是为了激怒自己，让自己主动离职……生气发怒，冲动走人，不过是顺了她的意罢了。

也许，每个女人在成长成熟的过程中，都会遭遇磕磕绊绊，无论是生活还是工作。那一次的经历，让静怡变得理智了。此后在工作上，面对别人的"刁难"，不管是有意还是无意，是善意还是恶意，她都会提醒自己保持冷静，不急躁，不冲动，更不会因为一时的气性而做出让自己后悔的事。她知道，用坚韧与泰然来证明自己的能力和修养，远比冲着不值得的人发怒要实际得多。

诗人里尔克曾经说过："灵魂没有宇宙，雨水就会落在心上。"

当一个女人的心灵不够开阔，她势必会觉得，人生处处都不如意。在狭窄的心灵空间里，丑恶不断地被放大，女人的戾气也会越来越重。若是心宽阔得容下了世界，就算偶见一隅的阴风浊浪，在广阔的视野里，也不过是沧海一粟罢了。受了委屈、心有不平的时候，暴跳如雷、横加指责都无济于事，唯有锻造一颗淡定的心，练就处变不惊、临危不惧的从容，才是睿智。

当代著名女作家谌容，在访美期间应邀到一所大学演讲。当天，台下的美国朋友提出了各种各样的问题，她都坦诚地做出了答复。当然，其中不乏一些刁钻的问题。有人问道："我听说，您至今还不是中共党员，请问您对中国共产党的私人感情如何？"

谌容不慌不躁，机敏地说道："你的情报很准确，我的确不是中国共产党党员。不过，我的丈夫是个老党员，我们在一起生活了几十年，至今都没有离婚的迹象。从这一点上，我想你应该知道我和中国共产党的感情有多深了！"

谌容机智得体的回答，圆满而缜密。她悄悄地偷换了概念，却让对方挑不出任何毛病。整个过程，她从从容容，大大方方，脸上没有任何不悦的表情，语气中没有丝毫的不满，这份淡定温和的姿态，让人犹如嗅到了百合的清香。

伸出手掌，可见指头长短不一，更何况是不同的人呢？优雅的女人，该有宽广的胸襟和气度。那不是刻意装扮出的，而是历经生活的刁难，在岁月的积淀中练就出的成熟心智，懂得如何与世界周旋，明白生活有时是一门"妥协"的艺术。

　　面对刁难自己的人和事，不必耿耿于怀，正色厉声地回击，若是因为一句话就让自己暴跳如雷，只会显得你修养不够，定力不足。最通透的选择，是微笑着面对，而后轻轻地告诉自己：这也是生活的一部分。只要你放开了自己，生活就会放开你。

如果还有爱，就不要彼此伤害

出嫁前一夜，母亲语重心长地对她说："世上没有圆满的婚姻，你要记着他的好，包容他的坏。"

沉浸在幸福与兴奋中的她，嘴上说着知道，可其实心里并未真的明白。或许，许多事都如此，他人的教诲只当是一句话，唯有亲身饮下那杯水，才知冷暖，才知咸淡。

日子一天天过，那份兴奋与激动早已淡化。三年后的某个夜晚，她终于"爆发"了。

劳累了一天的她，回到家里想喝一口热水，却发现饮水机的桶里没水了。坐在沙发上，她本想躺下来歇会儿，却看见了他的袜子团成一团在那儿扔着。她说了太多次，脏衣服放进卫生间的脏衣篓，可他像是听不见。凌乱的卧室，凌乱的客厅，凌乱的厨房，凌乱的心。

做晚饭时，她不小心把手切了，鲜血直流。她眼泪止不住地往外冒，一肚子委屈。她索性关了火，把切了一半的菜丢在案板上。她冲洗了一下伤口，到药箱里找药。路过梳妆镜时，瞥见一张憔悴而充满怨气的脸。她觉得，婚姻就是爱情的坟墓。

房间里没开灯，她一个人坐在黑暗中。九点钟，他加班回来，吓了一跳。他打开灯，跟她开了句玩笑，之后又问："晚上吃什么？"说着，往厨房走去。

她面无表情地说："我为什么要做饭？这样的日子我受够了。我想离婚。"

他在厨房里炒菜，喊着："你说什么？我听不见。"

她又重复了一遍。这一次，他听见了。

他走出来，问道："好好的，怎么说这个？"

她冷笑着说："好好的？你觉得好，有人给你洗衣服、做饭，有人跟你一起还房贷。可我觉得不好，我累了，不想这么过了。"

第二天，她把离婚协议丢到桌上，让他考虑。之后，她就回了母亲家。

一周之后，他打电话给她，说同意离婚。只是，想跟她一起吃个饭。他的声音有点低沉，能听出些许的伤感和无奈。她以为自己得到这个结果会如释重负，可没想到心里却涌起一阵难过："他就这样不吵不闹地同意了？"

他们相约在一家湘菜馆。几天不见，他瘦了，胡茬让下巴看起来略微发青。他拿出那份离婚协议，给了她。她的眼泪在眼眶里打转，从今以后，真的要各安天涯了吗？

"好了，点菜吧！上一天班，这会儿肯定也饿了。"他的语气柔和了许多，眼神似恋爱时那般温柔。她对服务员说："一份水煮鱼，一份香辣虾。"这两样菜，是她平时最爱吃的。

他笑着说："能不能给我个机会，点个我喜欢吃的。"

"你不爱吃这个嘛？"她觉得很奇怪。

"你忘了，我是上海人。我喜欢吃甜的。在一起这么多年，我一直吃的都是自己不太喜欢的东西。可是，你喜欢，我也就跟着吃了。"他笑着说。

她的心像刀绞一样疼，一种愧疚和自责涌了上来。这些年，她从没有主动问过他喜欢什么，她以为只有自己在付出，可谁曾想到，他竟然每天都在迁就自己。

他说："离婚之后，这里的东西归你，我只带走几件衣服。"

她脸上挂着眼泪，问："你要去哪儿？"真的要告别了，她再也控制不住自己。她只想着，离婚后自己要怎么过，却从未想过他要怎么过。

"我想回上海。我的父母年岁大了，身边也没人照顾。每次与你全家一起吃饭的时候，我都很想念我的父母。只是，你喜欢这个城市，你的家在这里，我才留下来。你以后自己过，肯定辛苦，所以我把这里的一切都留给你，房贷还有一部分，我会继续还。"他不像是要离婚，更像是要远行。

她心里很自责，也很不舍。这个与她从相恋到结婚一起走过六年的男人，一直忍受着各种不愉快，隐藏着各种不愉快，包容着各种不完美，在离婚时还在替她着想。她为自己的言行感到愧疚，她说："你为什么不早点告诉我？"

"唉，我不想让你操心，也不想让你改变什么。"

"你……可以不走吗？"她哭着说。

最后，他们牵手从餐厅走出。此时，她忽然想起母亲当年说的那番话：记着他的好，包容他的坏。回家的路上，她想到那个有点脏、有点乱的家，没有了厌烦，有的只是温暖和思念。

婚姻是一种缘分，也是需要用心呵护的孩子。你身边的爱人一样，总有那样的不完美，总有细枝末节会不符合想象，但如果彼此之间有爱，那就不要轻易说出离婚的字眼，更不要觉得离开了这一站，下一站会更好。

一位女性朋友，婚后总埋怨丈夫懒，脾气坏。每天吵吵闹闹，彼此都烦了，也就分开了。后来，她又结婚了，可情况似乎还是不怎么好。最初看着顾家又勤快的男人，婚后不久就露出了懒惰的一面，家务活一点都不做，还喜欢喝酒。她觉得自己命苦，总是遇人不淑。

偶然的一次机会，她在某朋友的公司开张庆典上见到了阔别已久的前夫。他也结婚了，携同妻子一起参加。看他现在的妻子说话的口气，她似乎对他很满意，说他很会疼人、顾家、有事业心，提及缺点，她笑着说："就是有点懒！不过，谁还没个缺点……"

是啊，谁还没个缺点呢？她心里似乎有点后悔，同样的一件事，同样的一个人，别人看到的都是闪光点，自己却一直盯着那些瑕疵。难怪，别人笑脸盈盈，自己却一脸惆怅。

《非诚勿扰》里有一句台词："婚姻怎么选都是错，长久的婚姻，是将错就错。"之所以说怎么选都是错，其实就是说什么样的选择都不完美。然而，长久的婚姻，就得要接纳不完美，相互适应，相互包容。当婚姻走过了激情期，唯有安静的忍耐和包容，才能让幸福恒久绵长；唯有记着对方的好，宽容对方的"坏"，才能在夕阳下执子之手，与子偕老。

何必
拼命追逐

只需
恰到好处

女 人 若 能 柔 弱 ， 何 须 动 用 坚 强

生活不是展览会，没有那么"高大上"

2013年的一天，我在QQ上遇到了许久未见的好友"默然转身"。

我问她："最近忙什么呢？"

她说："还是老样子，在做HR（人力资源管理），每天两点一线。"

我又问："你有男朋友了吗？没有的话，我给你介绍一个。"

她说："没有。不过，还是算了吧，女人没有男朋友就不行吗？我现在下班看看书、听听音乐，也挺好的。"

是的，女人没有男朋友，也可以潇洒地生活。可在我看来，这是人生状态的一种缺失。有句话说，出双入对总好过形单影只。所以单身女人常常被亲朋好友督促"早点找个如意郎君"。

我和默然（默然转身）认识十几年了，她的父亲身体一直不好，每次去她家，她的母亲都暗示说，再这样下去她的父亲可能都看不到她结婚了。

我不知道默然面对父母的忧虑时是怎样一种心境，但在我听来，那是令人动容和难过的。

据我对默然的了解，她并非不想谈婚论嫁，而是还没遇到她所期望的爱情。我猜，也许她是想经历一场轰轰烈烈的爱情吧。可是，那样的爱情不过是小说家和剧作家拿来煽情的桥段。

爱情并非一块木板，不是你得到它，它就摆放在你手里。爱情其实是一块橡皮泥，可以有不同的形态，是圆的还是扁的，全靠你自己的手去塑造。至于那些抱怨爱情不靠谱的人，干吗不问问自己，你是怎样塑造了爱情最后的形状？

我曾犀利地调侃过默然，我说："人家'90后'女生有很多都结婚了，都当妈了，你还在幻想会有一个优质男人骑着白马来追你吗？"

默然说："我宁缺毋滥。"

我说："你已经36岁了，不是26岁。就算是26岁，也到了谈婚论嫁的年龄了。我觉得你应该好好想想。"

"因为36岁了，所以我就要妥协吗？"默然反问我。

"不，不是妥协，而是应该了解什么是生活，什么是寻常人家，什么是最安全、最合适的爱情。"我说，"生活不是高雅的艺术，不是一个展览会，生活完全没有那么'高大上'，生活只是当你起床后需要刷牙洗脸，那么朴素，那么平常，那么简单。倘若你把自己定位得'高大上'，那么普通人要怎么跟你生活？"

我说这些，真的是希望默然可以明白。

可她却更加恼火地打了一堆字给我："我不奢求'高大上'，只求一个可以在精神层面与我有交集的人。如果你不明白，那么就不要再跟我说这个问题了。"

之后，我没有再回复她，我们的闲聊也只能到此为止。

我知道，自从默然取了一个"默然转身"的名字之后，她就不会轻易扔掉孤傲与坚持。局外人，也不能走进她的内心去改变些什么。

但我依然想说，人不应该用飞蛾扑火的决绝来限制自己走别的路。我们不是凤凰，涅槃之后可以重生，有些事情错过了，有些时间蹉跎了，就不会再重来。而一个人只求别人迎合他的思想而不懂得去欣赏别人的想法，又是正确的吗？

很多事就跟公司的制度一样，在不同的公司，某些规定有时候是不生效的。比如：很多企业的规章制度中要求员工必须准时打卡上班，慢一分钟都是迟到，要扣工资。可是有些企业却没有这样的规定，而是很人性化，并崇尚工作也是生活的一部分，所以允许员工自由掌控和调节上班时间，只要求员工把自己的工作完成了就好。

瞧，一个是硬性的规定，一个是弹性的空间，这两种企业同时放在招聘会，想必选择后者的人会更多吧？

这就好比爱情，一个太宣扬自我和原则的人总是少了点包容和亲和力，不是吗？

一晃，又过了半个月。

有一天，我接到了默然母亲的电话，让我去她家吃饭。她还悄悄地告诉我，说默然肯去相亲了，她很高兴。她说，她知道一定是我在做默然的思想工作。

我笑着说："我没做什么，主要还是看默然自己。"

傍晚时分，我来到默然家，默然的母亲已经烧好了一桌菜。默然见了我也没多说话，我们彼此心照不宣。

我知道，我那天说的话她应该是有所触动的，所以她试着放下自己的架子，回头接受了一个亲戚给她安排的相亲。

我也真的一直很担心，她还要独自在自己的世界里走多久，还要在自己设定的游戏规则中困顿多久。

以前，我每次说到聚会，让她周末出来一起吃个饭，她总是没回应。我能想象，当她看到身边的朋友一个个结婚的结婚，谈恋爱的谈恋爱，她难免会有些压力的。也许，她会想，聚餐的时候她的谈资是什么？

她没有权力不让别人说幸福，却也无法让自己愉悦地去倾听。所以，好几次聚会她都没来参加，总有各种各样的理由作为推辞。

十几年的交情不是说说的，虽然我们时常吵架，但也彼此关心，彼此了解。

日历一页页地翻了过去，很快就又翻掉了半个月的时间。

因为平时比较忙，我没时间给默然打电话闲聊。直到有天晚上，我上了QQ，发现那张蒙着脸的少女头像亮着，那是默然的头像，她也在线。

默然很喜欢这张少女图，所以拿来做头像。我能读懂这张图的意思：内心深处，我们都藏着少女的公主梦，有一个优雅高贵的灵魂。可现实是，我们没办法锁定在少女的年纪，生活也不允许我们这样做，所以我们唯有蒙上自己的眼睛……

我们又何必这样为难自己呢？这个世界上，也不是单单只有城堡，还有旷野，还有瀑布，还有漫漫黄沙。那些惊奇和险要的地方，会带给我们不一样的感知和体验，去看一看难道不好吗？

脱下公主裙，穿一身骑士装，生活依然很美……

我对默然一直使用"隐身对其可见"的QQ功能，还有上线铃声。可是默然见我上线，却没理我。

于是，我打开QQ窗口问她："相亲下来怎么样？"

很快，默然回了我三个字：不合适。

随后，还不等我细问，默然就说她要下线了，要去看话剧。

默然下线后，我还是想问清楚在那场相亲中她觉得哪里不合适，可我猜她一定不会说。所以，我带着娱乐八卦式的好奇心，给默然的母亲打了个电话。

默然的母亲接了电话，还没等我追问怎么回事，她就主动告诉了我。

她说，那个男的四十多岁了，自己创业，有公司，平常比较忙。和默然见面之后，他只约过默然一次，这让默然觉得不被重视。有次，默然主动提出去看话剧，那个男的觉得话剧很无趣，就直接告诉默然他不喜欢看话剧。

就这样，两个人谈崩了。

挂上电话之后，我心里有些沉重。

我能够感受到默然的心情，可我也能理解一个四十多岁的男人已经不再浪漫和文艺，何况是一个走在商业里的男人。以他的角度来看，多做一份合同可能比去看一场话剧来得重要得多吧？而默然的年龄，也确实不小了。难不成，她希望一个四十多岁的男人每天捧着鲜花接她下班，或是给她策划一场烟花表演，还是带着她到山顶看星星？

不，那样的情怀已经错过了最好的时节。

其实话说回来，人生不就是一场剧，只不过话剧里已经有了设定好的结局，而我们还没有而已。与其太过沉迷于别人的故事，何不给自己的故事添加点内容？

实话说，那时的我，并不太欣赏默然的想法和生活方式，甚至，想打电话骂她几句。

可最后还是没有去打，因为我想我真的无力改变她什么……

默然的生活一直都过得很小资，很文艺范儿。她平时喜欢去时尚而优雅的淮海路走走，喜欢在那儿捧一杯卡布基诺，坐在露天的卡位里看着人来人往，或是带上自己的笔记本写下一段美食博客。

我只是不懂，这样一个懂得享受生活和品味生活的人，为什么没有带给自己快乐和释然？

若心境如水，盛放的也会是一朵幽雅的莲。若只是看似如水，那表象的平静和华丽又能带自己走多久？

生活不是清宫戏，不需要让自己端着皇妃的架子步步为营；生活也不是一出偶像剧，不会把琐碎和不如意化作一个完美的邂逅。

　　但不管怎样，我确信默然过几年终会结婚的。

　　她终会找到一条路，可以安置自己的脚步。

　　只是，到了那时候，周遭的人、事物也都变了一个模样。当我们再见时，她就不会再觉得有压力，有距离感了吗？

　　我深呼一口气，看着外面闪烁的霓虹，给自己冲了一杯速溶咖啡。谁说咖啡一定要喝现磨的？速溶的快捷又方便，随时随地想起来就能喝，不好吗？

握不住的沙，那就扬了它

爱情面前，女人总是因为太喜欢，所以放不下。哪怕是弄疼了自己，也不愿放开，直到失去了更为珍贵的东西。

都说"爱情就像手中沙"。每个拥有爱的女人就好像手中握了一把沙，因为爱，因为属于自己，所以越是见不得它一粒一粒地往下掉，手中的沙子越是不听话地想要流走，她们便越想握得更紧些。此时她们的心，是感伤的，是失落的，是恐慌的，是迫切的，迫切地想要挽留，拼尽所有力气。

在一起的时候，女人认为：再美妙的幸福也不过如此了。

她熟知男人的一切，比如男人的衣服、裤子、鞋子在不同时期的精准尺寸，男人最喜欢的穿衣风格，男人最喜欢的颜色，男人最喜欢的饮食口味与菜式，男人最喜欢的烟酒牌子，男人最喜欢什么样的音乐……一切的一切，都在女人的脑中深深地记着。

这些无须背诵，记忆的过程也不像上学时背书那样煎熬。因为有爱，所以一切都是那么自然而然，仿佛不经意地就印在脑子里，刻在心里了。

女人会在爱中迷失自己，但同时也会异常敏感。正如她感觉到了男人的变化，她发现男人会莫名其妙地对着手机笑，接听电话也要去卧室或是去洗手间并且关上门，偶尔回家会很晚……这些都像是爱情即将离去的前兆，让女人倍感不安。

因为怕失去，所以她对男人的好不断加倍。即使是发现了男人出轨的证据，她也视而不见，装作若无其事。但这样仍旧没能阻挡住男人嘴里吐出那句——"我们分手吧"。

爱的时候，真的是天涯海角都愿追随着他。于是，当男人搬离租住公寓时，女人的世界顿时失去了颜色，仿佛自己的灵魂与整个世界都被装在了男人的行李箱中，被那个负心的男人带走了……

从此，女人的一切似乎都变得灰暗起来，工作不顺，生活不顺……她也无法再爱了，仿佛一切都在和自己作对。

其实，我们并不是失恋了，一切只是在和自己作对，也不是无法再爱了，而是自己并没有真正地放下。我们的手还紧握着爱情的那一点残留的痕迹不愿放开，那么，一直握着那点回忆，又如何伸手去牵住一份新的爱情，握住一份真正属于自己的幸福呢？

所以，并不是爱走了，我们的生活就无法继续了。有恋爱，就有失恋，这是在所难免的。我们不妨把它当作爱情成长的过程。是的，它只是人生的一个小插曲而已。所以，当爱要走时，我们不必哭得梨花带雨，我们不需要留恋这样的凄美画面。

另一个同样失恋了的女人，她处理失恋的方式就截然不同。

曾爱着的那个男人是同在一个公司的同事，因为有女高层"抛绣球"，男人毅然地说要分手。

女人总是敏感的，直觉早就告诉了她，男人的心在受到女高层引诱后便有些飘忽了，常常心不在焉，似乎在做思想斗争，也似乎在寻找合适的机会说分手。于是，分手的画面女人早就像拍电影一样在脑海里上演了许多次。

终于有一日，女人打开房门时，男人已经收拾好行李。男人说："我们分手吧！"

女人不假思索地说："好！"

从听到男人说分手到回答，没有丝毫的考虑与犹豫，一秒钟也没有，这让男人有些吃惊，似乎也有些失落。

男人似乎有些不甘心，便问："你真的舍得？"

女人淡淡地说："你不是舍了么，我为什么还要留恋？"

男人说："你让我怀疑你到底有没有爱过我。"

女人说："你让我不用去怀疑你有没有爱过我。"

男人说："你为什么不挽留，也许我会留下来。"

女人不再回答，只是浅浅地笑了笑，离开了。女人的潇洒在转身后便崩溃了，阵阵心痛袭来。她怎会不想挽留？在男人犹豫的日子，她等待他做决定便已经是宽容与挽留。她本就是见不得爱情有一丝丝瑕疵的女人，她给予自己的底线便是，保留最后的尊严。男人犹豫那么久，说出分手，那就不必再浪费时间。

再者，前一刻说分手，后一刻索求挽留的男人，让她觉得离开是对的，没有伤心的理由。因为男人想要的并不是真的挽留，而是面子与自尊心罢了。

当朋友纷纷劝她不要伤心时，她笑着说："我只用了一个晚上整理心情，现在我已经完全把他从我的生活中、心中、脑海中扔掉了。我不但不会哭，我还要笑。还好，还好在没有失去更多时便结束了，现在寻找幸福还来得及。"

傻女人被爱情玩在手心，睿智的女人将爱情玩在手心，情去情留，一切皆淡定。

如果说爱情是手中沙，那么，睿智的女人会在沙子变质、自己失去更多之前及时挥洒掉。因为每留恋或痛苦于其中一分，就浪费一分的青春与生命。

　　对于已然被破坏或是不复存在的爱情，睿智的女人不会过多留恋，她们能从失恋中找到放下的理由，找到不伤心的理由，找到重新面对生活、期待幸福、寻找幸福的理由。所以，她们总是美丽自信的，带着从容的笑容……这样的女人是最迷人的。

逐热的被冻死，逐光的多遇黑

"逐热的被冻死，逐光的多遇黑。"这是张爱玲说过的一句狠话。有时候，这句话就像墨菲定律一样，带着让人逃不脱的可怕和不愿意逃脱的悲哀。

讲一个发生在我身边的故事。

A姑娘是女神，有才华，有长相，有家世，有教养，还有马甲线。

跟闺密们一起聊起喜欢的对象时，A姑娘总说："长相、学历、身高、工作都无所谓，我一定要找一个让我觉得温暖的男生，有一双温暖有力的大手，有一张能融化冬天的笑脸。"

这个标准五年不曾变过，而她身边换过许多任男友。

有一次，我们都觉得她快要结婚了，那是个温柔的好男人，体贴细心，事业有成。他们携手出现的时候，她脸上挂着甜蜜的微笑，像是香草味的棉花糖。

可是，没坚持几个月，我们的女神就遭遇了"被分手"。

她眼睛红红的，一副可怜相。

她语无伦次地跟我们诉苦："其实我早就预料到了，他不再每个电话都回，每个短信都接的时候，我就预料到了。我还看见他跟一个女的在微信上聊得火热，我观察了很久，拿着证据质问他的时候，他连解释都不解释，就直接说分手。"

A姑娘身为这次恋爱的受害者，自然值得同情，不过我认为，任何一场无果而终的恋爱，都不单单是某一方的过错。

在这次恋爱中，A姑娘也是过错的制造者，也许她只是不自知而已。

有一次，A姑娘跟男友参加一场聚会，正巧她男友的初恋女友也在场。那女孩早已嫁为人妇，只不过跟A姑娘的男友站在一起叙了叙旧，A姑娘就拼命似的挽住男友的手臂，带着防备又紧张的神情，像是一只要守护领地和幼崽的老母鸡。那女孩见状，很识趣地走开了，而A姑娘则盯着男友，不依不饶地追问："你现在已经不喜欢她了，对吧，那你为什么要对她笑呢？她一进门就走过来找你了，你们是不是还有联系？我昨天看到你微信中有个叫'小典'的女生，是不是她？你说，是不是？"

如此歇斯底里的A姑娘让我们觉得陌生，一向知书达理、聪明洒脱的她，居然也会这样死缠烂打，还能这般理直气壮。

在那样的场合，被那样责问，A姑娘的男友自然挂不住脸面，但又禁不住A姑娘的软磨硬泡，只好把自己的手机递过去说："给给给，你自己看。"

分手之后，A姑娘泪眼蒙眬地一遍遍重复："我只是不想失去他而已，可是他不爱我了，怎么办，你们说怎么办？"

在这个世界，无论多么优秀的男女都有可能失去爱。随着时间的推移，A姑娘慢慢走出了失恋的阴影，继续寻找她所认为的有温暖的男人。分开了的那个男人，或许她已经忘了，或许成了她心中不能碰的痛。

偶然有一天，我逛超市的时候竟然遇到了A姑娘的前男友。他挽着一个娇小的女生，两人正一脸幸福地讨论着下午的火锅要买什么样的食材。他见到我，有一点尴尬，毕竟，我跟A姑娘是闺密，大家都认识。

他最终说："要不一起去喝个咖啡吧。"

我欣然同意，趁机仔细打量了一下他身边的那个女生，相貌平平，并不是我想象中温柔似水、体贴如云的风格。

走出超市很久之后，那个女生发现自己的外套忘在了超市。他正要回去取，她拉住他的胳膊轻轻一摇，说："还是我自己去吧，你们好不容易见一面，慢慢聊。"

说完，她扮个鬼脸，又娇嗔着补充了一句："谁让你这个笨蛋刚刚不提醒我啊。"

他看着她跑开的身影，脸上浮现出温暖的微笑，竟然带着和A姑娘在一起时从来没见过的满足和幸福。

忍不住一颗八卦的心，我问起他跟A姑娘的故事。

他犹豫了半晌，还是坦然说："跟她在一起太累了，永远都要顺着她，哄着她，随叫随到，言听计从。她一天查十几次勤，我一个电话没接，她就疑神疑鬼，恨不得像个八爪鱼一样附在我脑子里。可是，我是她男朋友，不是她的仆人。"

至此，关于A姑娘与他的这场恋爱，所有的前因后果，我都明白了。

A姑娘一直渴望寻找一个能给她温暖的男人，可她忘了自己原本也是一个发热体。她需要别人的温暖，同时别人也需要她的温暖，但她没有意识到这一点。

她的前男友，是她理想中的温暖男人。所以她拼命地抓着，并将自己所有的阴影和寒冷都倾泻在前男友身上。

这样的爱和需要，让她的一举一动都用力过猛，直到消耗尽自己所有的温柔和可爱，直到消耗尽前男友所有的爱意与善良。

其实，那些明亮的人经过你的沉寂冰冷的生命，是为了点亮你，让你像一支火炬一样，学会发光发热，成为这世界上另一个小小的温暖发源体，在明亮中学会发光，在爱里学会爱别人。而不是让你不顾一切地奔过去，像飞蛾扑火一样，姿势绝望又难看。

没有完美的爱人，只有完美的经营。

爱情是世上最美丽的字眼，也是女人生命中最深刻的话题。几乎每个憧憬爱情的女人，都渴望遇到一个完美的爱人，谈一段浪漫的恋爱，收获一段幸福的婚姻。她们在心里无数次地描绘过那个完美伴侣的样子：他要高一点，阳光一点；他要有风度，不能太俗气；他要宽容、温柔、体贴，等等。然而，现实不是童话，生活中从未有过完美的王子。

当一段感情，从轰轰烈烈走向平淡，彼此间熟悉得像亲人，玫瑰的芳香变成了柴米油盐，生活开始被纷繁的琐事纠缠，女人往往都会产生一种错觉：现在的生活不是我想要的，眼前的爱人也不是我所期待的。

一切，似乎都变了味道。在失落与慌乱中，女人开始感叹婚姻是爱情的坟墓，性情也变得不那么美好。一旦对方犯了什么错，哪怕只是饭前忘了洗手，随意扔了一个烟头，也会惹得女人大发雷霆，连连指责。显然，眼前爱人的这般言行举止，与她们心中那个完美爱人的形象相差甚远，她们难以接受和承认。于是，多数女人便开始想要改造对方，让对方变得完美，如若迟迟不能如愿，多半就是两个结局：要么委曲求全，要么另寻适者。

其实，两者都不是好的选择。委曲求全意味着有失望和不甘心，纯属无奈之举，当一段爱情和婚姻里充满了无奈，彼此的关系会变得疏远和冷淡；另寻适者意味着要重新开始一段感情，可如此就能获得完美的恋情了吗？要知道，人无完人。

一位经济学家曾经给过女儿这样一则忠告："不要妄想嫁给一个天下最好的丈夫，也不要妄想买到天下最好的车。这往往会让你付出更大的代价。你的理想伴侣，也可能是许多人的理想伴侣，这意味着你必须做出某些让步来赢得他并留住他，这些让步包括很多方面，从要不要孩子到晚上由谁来做晚饭，等等。一个理想的丈夫，往往是一个代价高昂的奢侈品。"

完美，有时会给人造成视觉上和听觉上的假象，就像天上的星星，一闪一闪的，美丽而浪漫，可如果真的有机会近距离地看看它，才发现那不过是一块丑陋的石头。完美，有时还隐藏着不为人知的另一面，就像高山突起的地方一定伴随着深谷，耀眼的光亮划过后一定会有不可预料的黑暗来袭。

当然，生活中也不乏一些活得通透的女人，从不奢望完美。

在一家女子俱乐部里，几个女人随便闲聊，谈到了婚恋的话题。结了婚的，总是一脸的怅然和无奈，指责爱人的种种不是；单身的听不进去，依旧憧憬着美妙的童话。倒是有一个看起来很温婉的女孩，半天没有说话，等大家都说完了，她才缓缓地说："我没结婚，也不想找个完美的男人。"

大家一听，觉得很好奇，都想知道她是怎么想的。温婉的女孩说："缺陷是一个人的特点，也是最难被改造的地方。完美的男人，可能各方面都令人满意，可是跟完美的男人在一起，不容易幸福。你要时刻注意自己的形象，对自己提出很高的要求，总担心配不上他，或是被他挑剔。这样活着，实在太辛苦了。要是选一个有缺点的男人，你就会感到自适，而且也不用担心有人跟你争抢这份爱。"

听她说完，俱乐部里的一位养生专家接了话："你说得对！完美的男人，永远都是大众情人，因为他符合所有女人的择偶条件。婚姻要想长久，一定离不开包容，可最需要包容的是什么？不是他身上那些优点，而是他的邋遢、他的粗心、他的谎言、他所有不完美的地方。没有哪个女人会冲着爱人的优点发脾气，指责辱骂、抱怨挤兑的肯定都是他的缺点。要是能大大方方地接纳了他的缺点，婚姻自然就牢固了，日子也会很消停。"

尘世中，任何一种生活都称不上完美。完美的婚姻，不是和完美的人在一起，而是懂得用包容和理解经营出完美的关系。你若太过挑剔，性情暴躁，看到的他自然满身缺点；你若宽容大度，善解人意，看到的他自然不会一无是处。

渴望完美是一种欲求，但能够欣赏不完美则是一种品质。婚姻是一个生命对于另一个生命的磨练过程，也是用生活中的事件处处考验两个人品质的课题。当女人不再计较爱人那些琐碎的缺点，学会接纳对方的时候，她就更容易触摸到幸福的脉络。

如此看来，婚姻之于女人，不只是一种生活，更是一场修行。

身为女人，别太轻易就被感动

一位在商场打拼多年的女经理，在交流会上不小心落下了手机。她一个电话打过去时，恰好是一位男士接的，那是会议中心的大堂经理。拿到手机之后，男经理在临别时问她："你还忘了什么东西吗？"女人说没有。男经理笑笑说："还有你的倩影。"

这一句话就像一块棉花糖，让她的心瞬间融化了。她承认，她被感动得一塌糊涂。这些年，她都没有听到过如此富有诗意的话。那段日子，每每想起这段话，她都觉得很甜蜜。

都说女人是水，有一颗善感的心。确实，女人很容易就会被感动，不管她是柔弱的小女人，还是精明能干的女强人。一个浪漫的约会，一束美丽的玫瑰，一个小小的惊喜，一句诗意的赞美，都会给她留下美好的回忆。或许，这份感觉会让她深埋在心里，一辈子不忘记。

可是，感动归感动，在享受甜蜜的同时，女人也不得不多一份防备。毕竟，生活不是童话，社会不是象牙塔，有些善意，有些美好，可能只是伪装的表象。就像下面这则寓言故事，相信看到最后，你也会有所领悟。

一位马夫得到了一匹漂亮的白马，他每天都为它擦洗身体，梳理鬃毛。认识马夫的邻居和朋友，都说他心地善良，心思细腻，白马遇到了他，算是有福气。每次听人这么说，马夫心里都美滋滋的，还谦虚地说，这都是他应该做的。

然而，遇到这样的主人，白马并不开心。因为麦子的价格比较贵，马夫偷偷地把喂马的大麦都卖掉了，只剩下一小部分。每天，他就只喂白马吃一点东西，到了晚上白马总是饥肠辘辘的。可即便如此，马夫也并没有给他增加粮食。

终于有一天，马夫在给白马梳理鬃毛的时候，白马发火了。它用粗而有力的尾巴甩开主人，大声地吼道："你不要再假惺惺的了，如果你真的对我好，就让我吃一顿饱饭。"

从表面上，为白马洗澡，精心梳理鬃毛，主人是多么贴心！可这些，不过是做给人看的，自欺欺人。洗得再干净，鬃毛再顺滑，可在生命面前，那都是无足轻重的东西。若是真心善待，何不让它吃饱肚子？基本的生存都保证不了，光鲜亮丽的外表又有何用？

身在旁观者的角度，女人往往是清醒的，可成了当局者，却有可能被感动冲昏头脑。一心只享受着表面的美好，甚至相信自己是遇到了真心人，别人的提醒权当是耳边风，非要等到覆水难收，痛彻心扉，看到了无法接受的真相，才感叹是一场欺骗。

Tina失恋了，她内心还放不下前男友。独自在城市里打拼，每每生活中遇到点麻烦事，她就会想起男友说的"有事打电话给我"。可是，分手了还能成为朋友吗？她不想那么做，原本就是他提出的分开，自己又何必告诉全世界，失去他的日子自己过得很狼狈。要强的Tina，忍住了不去想他，只是偶尔看到身旁的情侣们相聚约会，心里会有点孤单和落寞。

无聊的日子，Tina就上网打发时间。一次偶然的机会，她在游戏里认识了乔，他在游戏里扮演指挥者的角色，声音很有磁性，大家都很欣赏他的"领导才能"，游戏里许多女孩都很"喜欢"他。碰巧的是，Tina和乔同在一座城市。

游戏之外，Tina经常跟乔聊天，谈各自的工作和生活。他们在同一城市里，今天地铁里发生了什么事，明天是什么样的天气，都能成为分享的话题和关心对方的理由。遇到烦心事的时候，Tina会向他倾诉。乔的那份细腻，更让她感动。渐渐地，Tina把乔当成了自己的精神寄托，她觉得，乔的存在填补了她内心的空缺，也让生活显得没那么"难熬"了。不上网的时候，他们会发短信，只要一天不跟乔联系，Tina就会觉得空落落的。

那天，Tina高烧不退，在医院打点滴。生病的时候，女人往往会比平时更脆弱。她打电话给乔，说自己病了。乔连忙打车到医院，那是他们第一次见面。Tina发现乔真的很有魅力，看上去比视频里更加俊朗。之后的几天，他一直悉心照顾Tina。

病愈之后，他们一起去看电影，一起去公园划船，一起去新开的西餐厅吃晚饭。吃饭时，服务员送来一束花，那是乔为Tina精心准备的，她彻底被打动了。乔送她回家，她没有拒绝。那天晚上，乔把她拥入了怀里……Tina沉浸在幸福中。

第二天，Tina醒来时，乔已经离开了。她给乔打电话，发现手机关机。Tina心里有点失落，却也没在意。后来，Tina又给乔打电话，可他说自己要出差两天无法见面。再后来，打他电话就总是被挂断，发信息也很少回。Tina的直觉告诉她，可能出问题了。

她每天都给乔打电话，可最后接通电话时，却听见乔说："以后你别再打电话了，我的前女友回来了，我们在一起了。"之后，乔的手机停机了。Tina不甘心，跑到乔的住处找他。可惜，别人告诉她乔已经搬走了，说他在这里住的时候，经常带不同的女人回家。

Tina彻底崩溃了，她实在想不到，那个体贴浪漫的乔，竟然是一个十足的感情骗子。

女人都渴望遇到一个对的人，渴望一份浪漫心动的爱，但在渴望激情的同时，也该多一份理智。遇见青睐于自己、献殷勤的男人，不要被甜言蜜语和玫瑰钻戒冲昏头脑，多了解一下对方。如果他的感情是真的，那他一定经得起时间和现实的考验；如果他权当是游戏，那么迟早会露出破绽和不耐烦。真心不是一两件事、一两束花就能看出来的，那需要经历很多很多的事，才可以见证。

总之，身为女人，别太轻易就被感动了。人生中那些不必要的伤痛，越少越好。

不要为了生活而去讨好任何人

　　《被嫌弃的松子的一生》是日本作家山田宗树的一部小说，后被改编成电影。故事中的女主角松子，简直成了告诫和提醒女人要自尊自爱的典型。

　　故事里有这样一个情节：松子的妹妹因为常年卧病在床，父亲对她照顾有加，几乎把所有的心思都放在了那个生病的小女孩身上。松子不理解，她也希望能够得到父亲的爱。一次偶然的机会，她做了一个搞怪又搞笑的鬼脸，逗得父亲笑了。她试了几次，都很有效。自那以后，她便把做鬼脸当成了自己的招牌动作，遇到可怕或难堪的事情时，她就会做这样的动作。

　　长大以后，她依然刻意讨好周围的人，在爱情里更是卑微。就算被男友大骂，每天提心吊胆地过日子，也不肯离开，还在奉献着自己的爱。影片中说，她所给予的是"上帝之爱"，她所有的努力讨好，不过是不想一个人生活。可最后呢？没有人同情她、珍惜她。她在孤独与可怜中死去。

　　真希望，每个女人都能从松子的人生悲剧里领悟到一些东西。

也许，我们都不会有和松子一样的遭遇，可那种刻意讨好、用卑微的姿态博取他人好感的事情，在生活的细微角落里却总能找得到。也许，你希望对方可以成为你的知己，所以迁就着他的每种情绪；也许，你希冀着他人能赞美自己，违心地做着自己不喜欢的事，收敛自己的真性情。可是结果，就跟松子一样，并不能让每个人都对你感到满意。

从小到大，受父母和环境的影响，她一直生活在纠结里。她已经记不清了，到底从什么时候开始，自己竟然不知何谓快乐，每天只是为了讨好别人而活着。只要别人能满意、能开心，她就会倾心尽力去做，哪怕是她讨厌的事。

结婚后，她依然是这样。为了孩子和丈夫，她不停地忙活，除了顺从就是受气，每天提心吊胆，生怕说错话、做错事，活得小心翼翼。老公若是开心，她的心就会长舒一口气；老公若是绷着脸，她就不敢大声言语。她像是一只木偶，麻木地活着。丈夫总是疏远她，孩子也不愿意和她多讲话。这样的日子，让她倍感压抑，自己付出了那么多，到底是为了谁？

绝望的时候，她在网上给一位心理医生留言说，她想死，了却这一生。

心理医生收到消息，马上打电话给她，说要跟她见面谈谈。

她没有拒绝。或许，她并不是真的想结束生命，她只是压抑了太久，希望有人理解。

在心理医生的开导下，她说出了自己的成长经历。她父亲是个保守又严厉的人，不允许她出去玩，也不允许其他伙伴到家里找她，母亲每天小心翼翼地陪伴着，稍不留意就会招来打骂。她已经记不清楚自己挨过多少次打骂，只记得很多次她都在睡梦中被父亲的打骂声惊醒。父亲的坏脾气，让她慢慢学会了顺从，学会了隐藏，学会了讨好。

在别人面前，她很少讲话，只是尽力去做事。在学校里，唯有学习能给她一点安慰。老师和同学喜欢她，可很少有人知道，她为了让别人高兴，无数次委屈了自己，明明做着不喜欢的事，却还要装出开心的样子。

大学毕业后，她依照父母的意思，相亲结婚。之后，就过起平淡的日子。起初，丈夫对她呵护有加，可如今却疏远了自己。看到丈夫和孩子与自己不亲近，而别人一家三口其乐融融，她实在无法面对，活得越来越痛苦。

她说起，为了讨好别人做出过怎样的努力，为得到别人认可怎样委屈自己，多么担心别人不喜欢自己，多么害怕遭到抛弃。

心理医生告诉她，正是这种心情和做法，让她在生活里受尽了折磨。她不懂什么是爱，也不知道怎么去爱，只是在用努力讨好别人，博得好感。做这些事的时候，她已经失去了自己。为了遮掩自己的内心，刻意压制着各种情绪，外在和内在的自己不停地争斗，在伤害自己的同时也被亲人疏远。

多么悲哀的女人！为了讨好别人，承受着不必要的委屈和伤痛。

女人要跳出别人的视线，跳出别人的世界，当别人疏远自己的时候，认真考虑：究竟是自己的问题，还是他人的问题？有错的话就不要找借口逃避，没错的话就抬头挺胸做自己。你若只顾得讨好别人，连自己都没有了，你还如何有能力去照顾别人？

做事之前，想想你是心甘情愿的，还是被迫勉强的？想想你现在做了，日后会不会后悔？如果你是真心想去做，那么自然会做得很好，彼此都快乐；如果你并非出自真心，能够付出的也有限，那就不要强迫自己。就算有人说你不好，也不必太介意。

讨好别人，是一件没有意义的事。就算你再怎么努力，也总不能方方面面都让别人满意。与其如此，不如讨好自己。讨好自己，并不是教女人自私，而是学会保护自己。流言蜚语任它去，在心里设置一道隔音的墙，不让它扰乱自己的心智。烦躁压抑时，给自己找一个发泄的途径，买件礼物，享受美食，无不可以；受挫的时候，允许自己哭，允许自己闹，然后再好好安慰自己。做女人，这一辈子都要冷暖自知，唯有爱自己，讨好自己，才能培养出开朗自信的心境，坦然面对所有，不为外界的纷扰而痛哭流涕。

不炫耀，不吵闹，安安静静就好

美丽是女人的资本，可当这份美丽被张狂与炫耀无限地抻拉时，就会变成浅薄与无知。亦舒曾经说过："真正有气质的淑女，从不炫耀她所拥有的一切，她不告诉人她读过什么书，去过什么地方，有多少件衣服，买过什么珠宝，因为她没有自卑感。"

某公司年会的晚宴上，众多成功俊朗的男士与身着华贵的女士出席。一位身着简单黑裙、挽着韩式发髻的优雅女人，在一个安静的角落坐了下来。她身上没有一件奢侈品，除了那一对珍珠耳钉，再无任何名贵的首饰。可即便如此，她若伫立在人群中，依然是一颗闪亮的宝石。

衣着华贵的S女和H女朝着她径直走了过来，坐在她旁边的位置上。她友好地示以微笑，却没有刻意寒暄。S女一如既往地炫耀着，说着她的高档礼服，说着她的蜜月旅行，说着她的国外采购。H女故作羡慕，内心却掩盖不住地想要表现自己，说起男友要换车，说起她唯一的爱马仕。争论得不相上下时，两个人开始寻找台阶来圆场，她们转身把目光转向了那个安静的女人。

S女的关心显得太虚伪，说她该买件像样的晚礼服，她身上的款式看上去有点旧，与她的气质并不相符。她沉默着，微笑着，不解释。H女接过女伴的话，说她应该搭配一条项链会更好，一边说一边摸着自己颈上闪闪发亮的吊坠。她默不作声，脸上依然保持着微笑。

此时，宴会上最出彩的那位男士朝着她们走了过来。S女和H女相视一笑，并故作优雅之态，与之打招呼。谁知，那位男士却把手伸向了那个衣着简单的女人："我能请你跳个舞吗？"她微笑着把手伸向他，说道："当然。"走向舞池之前，她回头向S女和H女一笑："不好意思，我先失陪了。"接着，她便成了会场里最耀眼的精灵。

在嘈杂的会场里，S女听到有人窃窃私语："没错，她父亲就是丹麦总部的营销总监。"顿时，S女觉得自己很流俗。那个女人的美，不只是音容笑貌上的优雅，还有一份不浮夸、不炫耀的低调。

有人曾经说过："当一个美丽的女人炫耀她的美丽时，就开始变得丑陋了。当一个聪明的女人炫耀她的聪明时，就开始变得愚蠢了。当一个有才华的女人炫耀她的才华时，就开始变得一文不值了。"一个真正优雅的女人，她的一切都该是美丽的，容貌、衣装和心灵，缺一不可。可惜，太多高傲自负的女人，用趾高气扬的炫耀毁掉了那份独特的美。出身显赫、家境绰约、容貌出众、才华过人，这些本可以成为女人最好的资本，可一旦成了炫耀的工具，就变得低俗而廉价。

没有足够的积蓄去支撑面子的时候，你可以放弃奢侈品，选择适合自己的个性品；有了足够的经济实力做支撑，也用不着拿名贵的衣装堆砌自己，作为炫耀的资本。真正的档次不在于它的价位，而在于穿戴者的品位与修为。

古希腊诗人埃斯库罗斯说过一句话："人不该有高傲之心，高傲会开花，结成破灭之果。在收获的季节，会得到止不住的眼泪。"这是对高傲张狂的女人最好的忠告。可是，即便有了这样的忠告，依然有女人重蹈覆辙。这一次，她们炫耀的不是身材和容貌，不是家世与背景，而是幸福。

她爱说爱笑，与丈夫结婚七年，女儿五岁，可婚姻依旧甜蜜如初。她的丈夫是个浪漫的人，会说甜言蜜语，经济上也不吝啬。她想要什么，丈夫毫不犹豫地给她买。逢年过节，她定能收到丈夫送的鲜花，浪漫的情调，羡煞了周围平淡的老夫老妻。

也许是喜不自禁，也许是出于特别的心理，她很喜欢把丈夫挂在嘴边，说他如何爱她，如何对她好。只要与朋友相聚，无论什么场合，她开口闭口全是丈夫。起初，朋友为她高兴，可时间久了，听得次数多了，就觉得味道怪怪的，后来就变得厌烦，不想听下去。当她又开始谈论丈夫时，大家闷头不语。虽然没有人说什么，可女人的心思女人懂，她是在炫耀。

好景不长，她的婚姻遭遇了"七年之痒"。丈夫竟然背着她有了外遇，这场外遇其实已经有三年了。她一直被蒙在鼓里，昔日的疼爱全是假象，不过是丈夫因为内疚所做的补偿。她伤心地找朋友哭诉，朋友嘴上不停地安慰，可心里却有种如释重负的感觉，想着日后终于不用再听她炫耀了。

一场艰难的拉锯战结束后，她与丈夫离婚，争取到了女儿的抚养权。

离婚三年后，她再次步入婚姻殿堂。她的第二任丈夫不浪漫，不会甜言蜜语，有点木讷，却很朴实。即便如此，他对她的真心，大家有目共睹。再婚后，她性情大变，虽然依然爱说爱笑，大大咧咧，滔滔不绝，可她几乎绝口不提丈夫。后又朋友问起，她说："幸福如人饮水，冷暖自知。"炫耀给人看，对于本身幸福的人来说，不过是可笑的话题；对于不幸的人来说，无疑是一种讽刺。更何况，奢侈、富贵、炫耀都只是可有可无的包装，你觉得幸福，那么其他一切都无所谓了。

张扬的女人在哪里都是不可爱的。有人疼你、爱你、愿意为你付出的时候，你要懂得在心里感激，不要把点点滴滴的感动都拿出来炫耀，告诉别人"我如此有魅力"。幸福不是用来晒的，也不是可以炫耀的资本，那是一个人内心的状态。真正幸福的女人，永远都是优雅恬淡的。把幸福挂在嘴边上，只能说明你还在用他人的承认来肯定你的人生，这亦是一种不够自信的告白。

优雅的女人，从不吵闹，从不炫耀，从不空洞，从不浮躁。所以，别再露出夸张的大笑和露骨的谈吐；别在得意的时候露出对他人不屑一顾的表情；别在享受幸福的时候，让全世界的人都为你喝彩。只要做好自己该做的，在内心细细品味生活的喜悦，谦和地对待身边的每一个人，即使生得不漂亮，也一样能够让人侧目相看。

不属于你的东西，学着优雅地放手

爱情是一种充满蛊惑的灵药，能让人如痴如醉，也能让人歇斯底里。

她无可救药地爱上了一个男人，可这份爱就和隐匿在别墅里的她一样，无法光明正大地告诉世人。她知道，他有妻子，有女儿，自己恐怕这一生都无法取代她们的位置。可她的心不由自主，就像是着了魔一样，痴迷着他这株迷人而又危险的罂粟。

她生日那天，他答应留下，可那恼人的电话又响了。她听出，是他女儿病了。他急匆匆地走了，来不及跟她解释。她哭了，把桌子上的饭菜和蛋糕，统统扔到了地上。发泄过后，她渐渐恢复了理智。

他再来的时候，房间依旧干净美丽，可她却带着行李离开了。桌子上有一个盒子，他打开后发现，竟都是他抽剩下的半支烟。盒子里还有一张字条，上面是她娟秀的字迹：我走了，只带走了我的衣服，这里的一切都留给你，因为它们不属于我。

她醒悟了。一段不属于自己的感情，一个无法陪伴在身边的人，再纠缠下去只会让彼此更加矛盾。她有过愤怒，有过不甘，有过计较，有过埋怨，不想这些年的情爱与青春，就这样付之东流，草草结束。可现在，她都看开了。

无论曾经如何，至少此刻这个女人的抉择，算得上理智与聪明。继续纠缠下去，不甘与愤怒只会越烧越旺，伤了她，也伤了别人。与其到那时，让对方觉得她不可理喻，倒不如趁着彼此还有美好回忆的时候，转身离去。

草长莺飞、百花争艳的季节，从不属于梅花，在优雅地放手之后，它赢得了傲雪凌霜的美名；争名逐利的官场，从不属于隐者，在从容地放手之后，他换回了宁静淡泊的生活。

人生的路很长，沿途要经历许多风景，其中不乏让你怦然心动、流连忘返的景致。然而，不是所有你喜欢的风景都能属于你，就像林夕写的那样，"谁能凭爱意将富士山私有"，有些风景只能路过，只能欣赏，然后继续走自己的路。

不要固执地不肯放手，也不必生气别人得到了它，真正属于你的，也许就在前面的路上。

一个女孩为了陪伴在喜欢的男孩身边，乞求上帝把她变作一棵树，伫立在男孩的家门口。这样，她就能每天看见他了。上帝被女孩的执着打动了，便如她所愿。于是，女孩变成了一棵树。一年，两年，三年……男孩似乎从未注意到她的存在。每逢秋天，女孩的眼泪都会随着枯黄的叶子一同落下，她多么希望男孩能拥抱一下自己。可是，她等来的是一次又一次的失望。

她不甘心，又恳求上帝把自己变成一块石头，可以让男孩歇歇脚。于是，女孩又变成了男孩家门口的一块石头。男孩和过去一样，依然没有注意过她的存在。历经严寒酷暑，雨雪风霜，女孩压抑不住内心的痛苦，她又气又恨，最终因忧郁而崩溃了。

此刻，一个珠宝商人看到了女孩的心，那是一颗名贵的蓝水晶。后来，这颗心被加工成了一枚名贵的戒指，而它的主人，却是男孩的未婚妻。女孩愤怒不已，伤心欲绝，她不知道自己究竟做错了什么，为什么上天要这样捉弄她，这些年的等待竟换来一场空。

上帝出现了，他问女孩，有没有觉得自己很傻呢？女孩哭了，她觉得自己真的很傻。这时，上帝又告诉她："有个男孩，为你守候了更久……"

生活中，有些东西不需坚持，而需放下。放下一个不属于自己的爱人，放下一段没有结果的感情，放下一份不切实际的梦想，放下一些求而不得的物质，让自己从沮丧和郁闷中解脱出来，才能找寻到真正属于自己的幸福。要知道，优雅地放手，永远好过无谓地强求。

在薄情的
岁月里

守住
心底的温暖

女 人 若 能 柔 弱 ， 何 须 动 用 坚 强

别去管别人是不是比你惨

我的微信里有一个名为"加班也要命"的讨论群，有一天翻看以前的聊天记录，看到了这样一段对话：

"今天加班到晚上十一点，破了以前的加班纪录了，现在头疼眼花，异常烦躁，我要辞职，我要休息！"说话的是一个妹子，她还发了一张黑眼圈媲美熊猫眼的自拍图。

"妹子别郁闷，连续三天加班到第二天凌晨一点的人在此。"很快就有人接上了话，并豪爽地跟大家分享了他堆满咖啡杯和烟蒂的办公桌。

于是，这个群里加班到第二天凌晨两点、凌晨三点、凌晨四点的人纷纷冒了出来，争相认为自己处在职业链的最底层。

大家聊得热火朝天的时候，讨论群的建立者老张冒出一句："你们都只要钱不要命啦，也不反省一下自己为什么会加班到那么晚，真的都那么忙吗？"

可是，大家全都没有留意他这句话，继续卖力地比拼着加班的悲惨。

那个最初说加班加到晚上十一点的姑娘，看到比自己悲惨的兄弟姐妹如此之多，很快就头也不疼了，眼也不花了，语气近乎是欢愉地说："战友们，我先撤退了，你们继续奋斗。"

第二天下午四点多，这个姑娘在讨论群里发了几段搞笑的微视频；下午六点多，她又发了一组距离她公司十千米外的饭店美食照。在一整天的工作时间中，只要讨论群里有人出来说话，她马上乐呵呵地接上话茬。

看到她这种工作态度和时间安排，我只能说："姑娘，怪不得你会加班到晚上十一点，神仙也救不了你啊，还是别抱怨了。"

想起以前看过的一个故事：

一对渔家夫妇的女儿女婿因为遭到暴风雨的袭击不得不搬进老两口的房子，本来就拥挤的小房子显得更加逼仄，而且纷争不断。迫不得已，渔家夫妇向村里的智慧老人求助。

智慧老人捋着胡子说："从今天起，把你们家门外圈养的猪也赶进屋里去。"

渔家夫妇面面相觑，可是智慧老人是不能被质疑的，于是他们照做了，屋子变得更挤，他们又无奈地向智慧老人求助。

"把你们家养的兔子也赶到屋子里去。"

渔家夫妇又照做了，一间逼仄的屋子里有四个人、三只猪、五只兔子。

就这样过了几个月，智慧老人说："现在可以把兔子赶出来了。"

又过了几周，智慧老人说："现在可以把猪也赶出来了。"

奇怪的事情发生了，一家四口人感到房子前所未有得大，并且其乐融融地相处着。

这个故事堪称自欺欺人的典范，生活就是一个悲催起来没有下限的东西。你觉得自己惨，总会有更可怜的人存在；你觉得自己绝望到了尽头，却不知道有些人已经在黑暗里过了半生。

于是，我们总是抱着这样的心态：走不动的话干脆停下来休息，反正后面还有走得更慢的人。

没有目标和动力就没有吧，就这样随意混混也还不差，一想到要改变，一想到改变可能会带来更多的辛苦和茫然，就开始自我安慰：就这样吧，没有过不下去的日子。

没有工作，没有存款，又有什么关系啊，还有人连饭都吃不饱呢！加班到深夜又如何，还有人通宵不休息呢！

连心理学家都说，想要安慰一个人，不要试图给他灌输太多的建议，更不要告诉他哪里做得不够好，应该怎样去改进，只需告诉他你也有这样的经历，甚至当时还不如他，便是最好的安慰了。

由此，我们要这样安慰那位加班到晚上十一点的姑娘：

你不用告诉她在上班时间偷看视频会极大地耽误工作进度，你不用告诉她把刷朋友圈的时间省下来就可以看完工作邮件，你不用告诉她在食堂吃一顿工作餐而不去下馆子可以提前一小时回家。这些时间原本就是她的，她本可以把这些时间节省下来，安逸地躺在床上看个电影，或是跟朋友尽情地聊聊天，或是为自己做一顿美味的晚餐，而不是头昏脑涨地坐在公司里苦干，靠着听取别人也在辛苦加班的故事安慰自己：其实我过得还好。

你不用告诉她如果她的时间总是不够用，一定是她的时间安排在某个环节中出了问题，这时候她不应该盲目地用更多的时间去填补这个漏洞，而应该停下来好好反省一下自己。

你只需告诉她，这世上比她惨的人多着呢，她现在算是过得很不错的了。这就足够了。

可是，这又有什么意义呢？

容颜可以老去，心要永远年轻

在18岁的年纪，女人的样貌看起来不会相差太多，青春是最好的资本，任凭你挥霍。可若到了80岁的年纪，依然能够保持风姿绰约的女人，却寥寥无几。

人们问一位80岁的英国女名模："你永葆青春的秘密是什么？"

她说："要保持愉快的态度，要对自己满意。我从来没有感到愿望得不到满足的痛苦……躁动、野心、不满、忧虑，所有的这些都使皱纹过早地爬上了额头，而皱纹不会出现在微笑的脸庞上。微笑是年轻的讯息，自我满足是年轻的源泉。"

有一家特别的俱乐部，会员全是头发灰白的中老年女人，一有时间她们就聚在一起畅谈。

伊尔玛·鲁思和她的两位朋友都是该俱乐部的会员，她们的年龄都超过了60岁。倚靠在一辆满是泥土的汽车后面，她们开始了新一轮的旅程。

伊尔玛感慨地说："我从1991年起就成了全职旅游者，我们都喜欢这样的自由生活。"

旁边一位优雅的妇人插话说："你会意识到你根本不需要你的那些家当，而且每天都有新收获。"

梅丽莎疑惑地问道："你以为我们会愿意整天闲坐着不动吗？我们上了年纪，住进退休者之家，每日每夜地守在电视机旁边，照顾儿女和孙辈的生活，枯燥无趣。我们和年轻人一样，向往着没有尽头的公路，特别是那些高级的公路。"

是的，她们乘坐着各种各样的车辆，冬季穿行于西部广袤的沙漠，夏季穿梭于美丽的森林，然后再瞄准新的目标，一起出发。毫不夸张地说，伊尔玛·鲁思现在都已经习惯了这样的生活方式，以至于不能接受其他生活方式了。

退休的护士吉娜，五年前卖掉了自己的房子，参加了俱乐部，与众多女伴们一起享受着驾车漫游的快乐。有天早上，吉娜说道："我从未想到我会有这样的勇气。可我的孩子已经独立了，我住在空空荡荡的房子里，无所事事。于是，我就上路了。我要永远这样'年轻'地生活下去。"

任岁月流转，女人不管到了什么样的年纪，都应该让青春永驻心间。这是一份宠爱自己、享受生活、享受幸福的姿态。

20岁时，她告诉自己："女人要对未来充满希望。"父母离异，与大学失之交臂，失去挚爱的恋人，都没有让她的心枯萎。她知道，要留住岁月的脚步，就不能活在过去。她从未因为家庭的变故和感情的背叛而变得冷漠，她爱自己，爱生活，不想让心灵过早地枯萎。她总是用美好的未来提醒自己，未来的路还长，幸福还等着我。

30岁时，她告诉自己："我会跟从前一样美好。"她从不说"我已经老了"，从不暗示自己"我已经力不从心"。她相信，美好属于每个年龄段的女人，只要你热爱它，它就会回馈你想要的结果。在32岁的时候，她有了自己的精品书屋，有了自己的孩子，有了散发着书香韵味的成熟与知性的美。

40岁时，她告诉自己："要保留一份浪漫的心情。"心灵沐浴在爱与浪漫的光芒里，必定会开出如同向日葵般绚烂的花。这一份浪漫的心境，需要摒弃私欲和贪婪，摒弃世俗和肤浅，要用同情、爱心、细心、满足慢慢调制。

50岁时，她告诉自己："笑对一切，做个达观的女人。"岁月可以催生白发，却无法摧毁女人的智慧；时间会在脸上刻下皱纹，却无法阻止心灵的光润。年过半百的她，依然有着一颗年轻的心，一个年轻的体魄。年轻也好，年老也罢，只要心不老去，永远恰逢当年。

岁月总是悄无声息地在女人身上留下痕迹，或是一脸喜悦，或是一脸风霜；或是悲伤冷酷，或是笑靥如花。你若任凭岁月带走心的年纪，那么身上的光华自然也会跟随它一同老去。心若不肯老去，那么岁月也无可奈何。

青春年少固然美好，但人生如四季，春夏秋冬各有各的美。重要的不是容颜的改变，而是年轻心态的绵延。守住一颗年轻的心，就能永远留住青春，找寻到人生的别样意义。一位著名的女演员说："当一个人幸福、充实和永不疲倦的时候，当他的精神永远年轻的时候，皱纹怎么会爬上他的额头呢？当我感到疲惫的时候，那不是我精神的疲惫，而是我身体的疲惫。"

年龄会随着岁月的时间行走，而人的心态不会随着时间走。留一颗年轻的心，可以让时光望而却步；留一颗年轻的心，可以永远烂漫纯美；留一颗年轻的心，可以始终活力无限。留一颗年轻的心，不惧岁月，顺其自然。把一切纷纷扰扰的变迁，都视为常理，坦然处置。留一颗年轻的心，"老"永远不会降临在你的身上，纵然沧海桑田，世事变迁。"悦活女人"，永远年轻，永远美丽，永远幸福。

生命不允许被任何人否定

"只有长得好看的人，才有青春啊。"

电话那边，那位刚刚哭泣过的学妹自嘲地对我说。

这原本只是一句很普通的俏皮话，并且早已作为一句玩笑在网络上到处流传。

可是在现实中，每当这句话从我认识的人嘴巴里真真切切地说出来，他们脸上的表情，从来都不是发笑。

在他们心里，这句话似乎道破了一切不幸福的缘由，仿佛一个逃不掉的预言。

最终，他们只能够无奈地、不幸地，由于相貌上的平庸而失去了那本该璀璨的青春。

一个月前，学妹在网上找我哭诉。

她说，自己暗恋了很久很久的男生前阵子竟突然主动接近她，让她兴奋不已。

可最终发现，那个男生竟然只是故意做给自己的前女友看，好刺激对方并暗示自己过得很好，身边不缺女孩。

前女友没被气到，被利用的学妹却哭得稀里哗啦。

当她声嘶力竭地说"你怎么可以这样对我"的时候，那男生因为愧疚而久久说不出话来，终究也只能老老实实承认"对不起，对你真的没有感觉"。

"一定是因为我不够漂亮。"学妹说。

她的语气是那样确定，似乎带着不容置疑的定论味道。

我想起王尔德曾经说过的那句话：

"一个人除非很富有，否则再有魅力也没有用。"

究竟从什么时候开始，美丽成了爱情的必需品，金钱又变作了浪漫的通行证？

成长的过程中，不可避免的，我们总会遇见一些讨厌的人和事。

而在我看来，最无理的伤害与最恶意的干涉，都莫过于随意定义他人，妄图给别人贴上标签，用自己的眼光与思维评判别人的未来。

这种妄加定义，曾经困扰过太多尚未成长到足够坚强的生命。

无奈的是，在这个越来越开明、越来越自由的世界上，妄图定义别人的人实在太多。

这些定义有时是出于他们认为的爱，比如家长总是斩钉截铁地决定孩子的未来，更多的却是出于恶意与不善。

他们的共同点，就是总站在宣判者的角度上，冷酷地打量着我们的人格与外表，从而无情地对我们进行残忍的"判决"。

比如："你这样笨，就不要再做考大学的白日梦了。""你长这么丑，有人要就已经不错了，哪里有资格挑剔人家对你不够好？"

从小我们所接受的教育，大多如同机械作业的流水线一般，生硬而刻板，不允许太多个性细胞存活。

大约也正是如此，许多认为自己看清了"游戏规则"的人才更加肆意地对别人进行着预言。

可是，在这些人盛气凌人的话语背后，难道他们自己就真的完美无缺吗？

我绝不这样认为——至少这样肆意评断别人的行为，就是他们恶毒无礼的表现。

生命是这个世界上最神圣庄严的奇迹，它不能允许被任何人否定。

我曾经在报纸上看到一则新闻，一位名气不小的整容医生被几位接受过手术的女性联名告上法庭。

原因并非是他手术能力有问题，而是他对受术者容貌的侮辱性议论太多。

据一位女生说，当自己为了微调一下鼻翼而躺在手术台上的时候，这位医生明知她只打了局部麻醉完全可以听见声音，还肆意地同一边的护士聊起她的长相，并且言语戏谑：

"其实真不知道她光动个鼻子有什么用，其他地方还这么丑啊。你看看那眼睛，那嘴巴，哎呀……真是的。我要是她我肯定要有自知之明一些，要么对自己容貌放弃，哪里都不动，要么就大动，彻底告别丑八怪。"

躺在手术台上的女生听到这么一席话，又惊愕又屈辱，当场就忍不住流下了眼泪，又被医生责怪还要为她擦眼泪，真是事多。

有人说，现在的医生本来就很拽，患者都得放低姿态，忍气吞声。

可事实根本不是如此。我认识许多医学专业的同学，他们有的还在继续深造，有的则已经成了医生。这些同学大多十分随和并且善良，面对患者时更是耐心负责，绝不会说出这样无视对方感受的话语。

当我同他们提起这件事时，他们也很惊讶，并且站在那个女生的立场上觉得十分气愤。

说到底，这种无理的出格的言论根本与医生这个职业无关，而与这位医生的人格有关。

当那个女生紧张地躺在手术台上的时候，心里满怀的都是可以变得更加漂亮的期待。而此刻为她执刀的医生，在心理上也就给人一种"控制者"的压迫感。当他说出那么一席话时，可想而知，对于那个无助的女生是种多么残忍的打击。

这个世界上有形形色色的人，你可以选择喜欢，也可以选择讨厌。

但你永远都没有资格妄图定义别人。

因为每个人生活在这个世界上，都有自己的快乐与烦恼，更有自己的现在与未来。

这些，不需要其他任何人来评断，也与其他任何人的态度无关。

在我们年轻时，总是很容易被人贴上千奇百怪的标签。其中有些只是无伤大雅的小玩笑，有些却会让我们笑不出来。

不够成熟的时候，总是容易受到这些标签的困扰，仿佛自己真的会在别人的评断里失去一些美好。

回过头时，看到那些曾经因为别人的否定痛哭失声的时刻，我们却只觉得心疼与后悔。

多少次妄自菲薄怀疑自己，如今想一想，竟都是为了些不相干的人。

假如我们没有办法改变他人的放肆，至少我们可以坚实自己内心的堡垒。

在这个世界上，并非只有好看的人才会有青春，也不是富有的人才有资格浪漫。

我们拥有这独一无二、无法复制的生命，是为了经历这世界上美妙的一切，而不是为了迎合任何人的趣味。

我们活着，不是为了取悦这个世界，而是为了取悦自己。

我只是不想让自己再孤单了

E小姐回国第五个月，在微信朋友圈发了一条让人看出一身鸡皮疙瘩的信息："谁手上有优质单身男青年？赶快介绍给老娘，成了包一个月的饭，带甜点。"

微信群里顿时炸开了锅，群员们摇身一变，全都成了"人贩子"，急忙将身边所有没结婚的男同胞在脑中梳理一遍，恨不得立马介绍给E小姐。

没办法，谁让E小姐做饭的手艺堪比新东方的大厨，甜点更是做得美味又好看，比《破产姐妹》里Max做的小蛋糕还要诱人几分。

俗话说"重赏之下必有勇夫"，没过几天E小姐就成功开始了相亲之旅，她给我们的谢礼是一大盒手工打造的布朗尼蛋糕。

我们一边瓜分美食，一边好奇地问："你这回国没多久呢，怎么就急着找男朋友？"

她扬了扬狭长的眉眼，叹一口气说："之前在外面读书的时候不觉得，回来之后发现身边跟我差不多大的人基本上都有了伴儿，我怎么能不着急呢？"

"被逼婚了？"我们问。

"没有……其实我父母挺开明的，从来不对我催婚。"她苦恼地摇摇头，"主要是自己觉得太孤单了，上学的时候是这样，背井离乡的时候也是这样。好不容易回来了，工作也稳定了，就是想找个男朋友做个伴儿。"

E小姐的苦衷，我能理解，毕竟谁不曾单身过呢？

"我只是不想让我再孤单了。"我想起她有一天在微信上说。

遇到有趣的事情，身边却没有一个能一起分享的人，渐渐地，你觉得所有事情都好无聊；做了一道美食，身边却没有一个能一起品尝的人，渐渐地，你失去了下厨的兴趣；发现一处美景，身边却没有一个能一起欣赏的人，渐渐地，你宁愿宅在家里也不愿独自出去漫步；碰到不开心的事，身边却没有一个能一起分担的人，渐渐地，负能量越积越多……

看着别人成双成对、有说有笑，好像全世界的热闹都与你无关。你一个人去喝咖啡，一个人去吃火锅，一个人去看电影……随时随地都有一种落寞感。

为了宽慰E小姐，我插了句嘴："你可以叫我一起啊……"

她白了我一眼："你忙起来的时候还不是不理我，况且等你谈了恋爱、结了婚，我还不是又成了一个人。所以啊，我现在已经不求什么真爱了，给我找个看得顺眼的男人就行了。"

不挑剔的E小姐，在约会了四五次之后就随男方去见了家长。那男人成熟、聪明、有气质，我们纷纷打趣E小姐命太好，明明没什么要求，随便挑选一个都是这么优秀的人。

E小姐带着甜蜜的微笑依偎在他的身边，表情安逸满足，像找到了家的小鸟。

从这以后，E小姐拍摄的各种风景照中，总会多出一个人的身影，美食照中的餐具，也从一副变成了两双。

我们想，最怕孤单的E小姐，应该不会再一个人了吧。正是抱着这种想法，一年之后当我们听说E小姐主动提出分手的时候，都以为她是在开玩笑。

她烤了一大盘马卡龙来答谢各位兼职"人贩子"的大力支持，并且委婉地表达了自己回归单身的意愿。

我们中的一个姑娘，当初是最卖力的"人贩子"，她疑惑不解地问："你不是说不想再孤单了吗，那男的不是挺好的吗，怎么说分就分了？"

"我们可是和平分手。"她认真地调制着招牌E式鸡尾酒，"两个人的孤单比一个人冷清更可怕，我这可是亲身体会，未婚的姐妹们共勉啊。"

两个本不在同一个频道的人，所思所想往往有着极大的反差。你试图将你的喜怒哀乐告诉他，得到的回应却像打在棉花上的拳头一样无力，换不回一丝一毫的感同身受。

身边明明有了陪伴，空气中都不再是一个人冷落伶仃的味道，可是心中却被挖了更大的一个洞，不知道要用什么填满。

她自嘲地一笑，语气怏怏："看来爱情这玩意儿，远没有传说中那么伟大。我注定要孤单一辈子了。"

很多时候，两个人对面而坐，想要说些什么又不知如何开口的尴尬，远比形只影单来得更加难过。

明明是在聊天，你却比一个人不说话的时候更加不懂自己；明明是手牵着手逛着热热闹闹的街，却莫名其妙地怀念起一个人时的安静空气。

人人生来皆孤独，本来就是再正常不过的状态。每个人都有自己的路要走，孤独并不是坏事，而是你与自己相处时最本真的状态。

只要你对自己充满热情，有自由，有爱好，有追求，有憧憬，有思索；走过不同的路，翻过不同的书，跟不同的人聊过天，想过不同的事，有过不同的心情，就是最佳的生活状态。

爱情这东西真的一点都不伟大，它不过是个傲娇、任性又不能强求的东西。

如果你愿意接纳或者追求某个人，就用同样的爱去回应，而不是想着用别人的岸停泊自己孤单的船。

如果你尚未等到这样的人来敲你的门，也还没有准备好去敲别人的门，那就先过好自己的生活。

你或许无法让自己不再孤单，却可以让自己不再寂寞。就如水木丁写过的那句"一个人就是一支队伍"，形只影单又如何？

做自己的那盏灯

女友失恋，谈了三年多的男人突然铁了心分手，九头牛都拉不回来。

"我真的不知为什么会这样，我们曾经那么好。"她似失魂般始终念着这么一句话。

一众闺密将她拉至KTV，任她唱伤心的歌，准备好大包纸巾。

只盼望她走出包厢，擦干眼泪，又重做回无忧无虑的单身女青年。

谁知她竟连一首完整的歌都唱不下去。

唱到周杰伦的《安静》："你已经远远离开，我也会慢慢走开。为什么我连分手都迁就着你……"她立马便将话筒丢在一旁："他曾说不论发生什么，都不会先离开。"

我们连忙安慰，很快又将麦克风塞回她手里："没事没事，哭完就好。"

接着是张玉华的《原谅》："谁都别说，让我一个人躲一躲。你的承诺，我竟没怀疑过……"她更是索性号啕起来："他说过今年就要带我去见家人，他说过我为他付出了那么多，一定不会辜负我，他说过他不会背着我喜欢别的女生，他说过……"

这样说下去，大约天亮都讲不完一半。

最终，我们陪着她听了三小时的"前男友语录"，才将她带回学校宿舍。

送她上楼的时候，她肿着哭红的眼睛回头向我们挥手："谢谢你们，我感觉好多了。"

可是我知道，明天醒来，她还是会难过，还是会忍不住回忆过去的誓言，或许还是会号啕大哭。

失去三年的恋情，诚然会让人心痛万分。

可我多想告诉她，你可以悼念这三年的青春，你可以伤感接下来一个人的旅途，甚至你可以为了早点好起来和姐妹们一同痛骂出轨的前男友。

可是你最最不应该的，就是留恋过去的誓言。

不必再留恋，因为早已时过境迁。

——我的念念不忘都是关于你的，你的现在却不是我的，那么我的念念不忘又算是什么？

也不必去怨恨，那样只会让自己的内心承受多一次的疼痛。

183

——毕竟很多时候，你要相信，在诺言刚刚被许下的一瞬间，大部分都来自于一颗真诚的心。

他也曾经想要骑着单车带着你，在校园的小路上听你哼着歌，这样开开心心到永远。

他也曾经陪你看完一场烟火还想再陪你去看日出，日日夜夜都陪在你身边。

她也曾经不在乎你有多么失败多么不堪，能够在你怀里睡着就愿意吃一切的苦。

她也曾经把你所有年轻而幼稚的举动都看作率性的可爱，以及让她可以轻易微笑一整天的理由。

后来呢？

也许谁都没有想过要走。只是，一个又一个夏天过去了。

一周之后，女友还是会和我们说起"他曾经说……"，脸上的表情努力放轻松，却依然让人觉得难过。

听到她说这些，并非让我心烦，只是觉得有些无奈。

"我并非还留恋。"当我告诉她"别再留恋会比较好过"的时候，她认真地纠正我。

"我只是不甘心。"她说着，眼睛里的光芒渐渐黯淡下去。

我何尝不明白她的不甘心呢?

三年的青春飞扬，柔情似水，只换作这样一个遗憾的结局。

可事实是，事到如今，无论是"留恋"还是"不甘心"，最终都只会让你好得更慢，痛苦得更久。

夜深人静的时候，想起女友不甘心的话语，我突然回忆起小时候的一件事来。

四年级过生日，妈妈送了我一支异常精美的蜡烛。它被精心雕刻成了一只可爱的小兔子，曾令童年的我爱不释手，从来舍不得点燃。

六年级毕业时，我带着小伙伴们来家里玩。黄昏突然停了电，我便自豪地拿出自己的小兔子蜡烛准备点亮给大家看——我相信自己最心爱的蜡烛，一定可以在小学毕业之际散发出令大家难忘的光辉。

就在小伙伴们都被小兔子蜡烛吸引的同时，我却惊讶地发现无论怎样它都无法被点亮。火柴或者打火机上的小火苗一旦接触到那一撮灯芯，很快便熄灭了。

失望地将大家送走后，我捧着蜡烛去问爸爸："为什么我的小兔子蜡烛不会发光?"

爸爸鉴定完毕，遗憾地告诉我："这支蜡烛的烛芯坏掉了。所以无论怎么样都是点不着的。"

我被这个回答惊呆了。

我从来没有想过，一支蜡烛竟会无法被点亮——能被点亮才是它存在的最初意义呀！

当我一次次珍视着它的时候，我始终相信着：有朝一日，它会在我需要的时候为我照亮黑夜，发出温暖的光。

很多年以后，我依然记得将那支被我珍视了三年的蜡烛不甘心地攥在手心的心情。

"喂！你怎么可以这样！你怎么可以不发光！"那是童年的我委屈的内心独白。

可是蜡烛就是蜡烛，它不会说话，也不会祈求你的原谅。

最终，我也只有松开手掌，接受这支蜡烛已经只是一件摆设品的真相。

在我们的一生中，总是会遇见很多很多的人，许下和被许下很多很多的诺言。

它们之中有些被如约实现，有些却遥遥无期，最终在岁月的深潭中失去了消息。

那些最后也没能实现的诺言，就仿佛一支没有被点亮的蜡烛。

你总以为有朝一日可以用它换取光明，才将它始终握在手里念念不忘。

可是亲爱的，你需要原谅那些伤害过你的人，并且将那些没有带来光明的誓言静静留在昨天。

因为你必须振作起来，寻找那些完好的蜡烛，或者自己为自己点一盏灯。

没有人愿意在黑暗里前行，所以我们才会将没能发光的蜡烛紧攥在手心，期待着未来应有的光亮。

可是，那支不会亮的蜡烛，早已经永远失去了为你带来温暖的能力。

无须芳华，只要安乐

周末，我闲来无事整理书架，无意间发现以前买的一堆言情书。再次翻阅，那些曾以为的感动如今看来竟唯有淡然一笑。

我不禁感慨，爱情在人生里实在太过渺小。

一个人活着的意义是什么？如果你行尸走肉般麻木地生活，那么你一定不知道答案。而一颗心是苍白的、幼稚的还是宠辱不惊的，取决于你走过多少路，看过多少风景，流过多少泪，不是你摒弃世事、不闻不问就能够感受到的。就像一个在寺庙修行的人，如果没有真正参悟佛学之道，那么他不过是一个身处空门的俗人。

随手翻到书中的一个桥段，女主角说她痛恨那个男人，再也不会相信爱情了。

是的，很多言情小说和偶像剧里，总有各种荡气回肠的爱情，可是每每从恋爱走到婚姻，就演变成了家庭伦理剧。我一直想问，既然爱情遭遇婚姻很快就会变了模样，又何苦渲染爱情是那般的美好和伟大？

　　现在有一种论调，主张把爱情和婚姻拆开，不停地告诉还没有走向婚姻的人这两者是不同的，告诉他们前者很明亮，后者却很黑暗，一定要做好准备。两者息息相关，评价却截然相反，为什么会这样呢？我想问，该怎样准备呢？是让人习惯黑暗，还是逃离黑暗？

　　现在有很多男人，一说到女朋友的时候很高兴，可一说到什么时候结婚就没了声音。

　　其实，爱情并不需要像花儿一样绚烂芬芳，也不需要像大海一样波澜壮阔。爱情需要的是花儿凋谢时你的怜惜和守候，需要的是海浪翻涌时你的淡定和共进退。拥有了这样的情怀，才能在白雪皑皑中懂得期许来年的花开一夏，才能在安逸中经得住沧海桑田。

　　你不能只选择美好的而不接受糟糕的。

　　世间的一草一木、一砖一瓦都有很多种样子。还记得和朋友去无锡蠡园闲逛的时候，他们都赞叹江南庭院的灵秀，还说比北方的建筑多一份婉约。可是，他们不曾想过，这些草木若不是被别具匠心的设计师移植了过来，那么它们只不过是一堆随处生长的草木罢了。而造就这番怡人美景的，是一份心思。

　　爱情和婚姻也是一样的，你想要的爱情其实一直都不曾改变，只是爱情在融入生活之后变成了婚姻，更把两个陌生人变成了一家人而已。

当你遇到爱情时，就像看见一道彩虹般欣喜，只是彩虹不会一直都在，因为天上还有风和云、雷和雨。所以，当你决定寻找爱情的时候，你必须告诉自己，你也能容忍风和云、雷和雨。

上个月我遇到一个小姐妹，她说她表姐结婚了，可是整天跟她表姐夫吵架。我问她，他们为什么吵架。她说，她表姐夫挤牙膏时喜欢从牙膏瓶中端开始挤，而她表姐习惯从下端开始挤，她表姐认为，她表姐夫把牙膏瓶挤得都变形了，太难看了。

"就因为这种小事？"我问。

"还不止呢。"小姐妹似乎也对她表姐夫感到不满，"你不知道，我表姐夫喜欢看美剧，可我表姐喜欢看韩剧，表姐每次让表姐夫陪她看一会儿吧，他不是说要忙工作，就是干脆睡觉去了。"

"呵呵，那你表姐也一定不会陪你表姐夫看美剧的吧？"

"那是当然了，我表姐怎么可能看那种械斗、枪战的暴力剧呢？我跟你说，现在啊，我表姐气得都不让他进房间了。我表姐夫更绝，干脆睡到单位去了。这件事真是烦死我了，我劝我表姐吧，她就骂我不帮她；我劝我表姐夫吧，他又很倔强，不肯服软认错。我真是里外不是人了。"

　　我忽然想起一句话，这个世界上找不到一片相同的叶子。而人也一样，他们可以相似，可以被改变，却仍然是独立的个体。婚姻中，女人喜欢把自己当女王，男人也试着去做一个随从。只是，这样的定位就有了上下级之分，而不再有国王。

　　如果我们把婚姻的角色划分了等级，这跟老板和下属的关系又有什么区别呢？试问，有多少下属会一直跟随老板，不选择跳槽呢？一旦有了阶梯，又如何阻止一个人往下走或是往上走呢？

　　婚姻，不是一份早就想好的计划书，也不是一个强权的体制，它不官方也不复杂，只是婚姻里的1+1势必不再等于1。

　　一个独身了二十几年，甚至三十几年的人，有一天突然和另一个独身的人相遇、相知、相爱了。他们在喜悦之余，那些跟随了他们很久的习惯又怎会在相爱的刹那就消失不见？一路上，他们一定会觉得彼此很古怪，很不适应，可不适应并不代表憎恨或厌恶，因为每一个人都有属于自己的特质。而一个人，如果想要在漫漫长路里与另一个人结伴同行，那他必须学会理解对方，欣赏对方。

　　忽然又想起一则广告，一个镜头是古时的大夫将采来的草药熬成汤药，另一个镜头是西方的医生拿着试管在做研究。然后他们相互穿越到了对方的场景，问：这是在干什么？这能治病？

跟着，就来了一句精辟的台词：中西医要结合。

而爱情和婚姻，更需要结合。

爱情如果是一朵花，婚姻就是一棵树。花期短促，可树木长青。我们不必纠结和叹息为什么花期太短，而要明白只要树木不枯死就还会绽放花朵。

婚姻里，两个人需要一起生长，一方快了或者慢了都将与另一方不在一个高度上，会显得参差不齐、长短失衡。所以，双方都要懂得掌控节奏，适时地等一场雨，等一束光，以此储存实力。

我们不用刻意追寻爱情的华丽，因为太华丽的东西通常都不太实用。就像水晶灯，一个个灯芯像星星一样排列着，看着好璀璨，可是当灯芯坏了需要一一拆换的时候，你会为此而烦恼。所以，在追寻完美爱情的时候，不妨先问问自己是不是有这样的耐心，是不是有能力呵护。人生就如一条磕磕绊绊的路，也许你需要的只是一盏普通的路灯……

偏执的人可能会说，你管我那么多干什么，不是水晶灯我就不要了，人生这条路我可以一个人走。

那你不妨放眼看一看空灵的山水，你可有看到哪一种景色可以独自去美？没有狂风，何以看到飞沙？没有雀鸟，山野如何动听？

最关键的是，水晶灯太耗电，一定走不了那么远。

人生真的无须太过挑剔，花落花开只是一段春夏秋冬的见证，不用只喜欢春，就痛恨冬的来临，我们看过四季就已经很好。你我也无须执念芳华，来来去去都不过转瞬而已，只要彼此安乐便足以走完一生……

给自己制造安全感

这周我不幸受伤了，在运动时膝盖受伤，无法行动。在家躺床上一个星期了，我见不到拥挤的人，踩不到硬实的地面，晒不到太阳，淋不到雨……人变得越来越迟钝，心情有些低落。

刚开始的时候，我还在窃喜什么都不用做，什么都不用想，现在才发现也不过如此。我仿佛被流放到与世隔绝的地方，可以对话的只有自己。

今天尤其郁闷，举目四望，只有我一个人，心里很压抑，突然很想哭，很想发泄一番。去搜悲剧电影，却发现连一部能让我落泪的都找不到。是我心太麻木，还是影片质量太低？连哭都这么难！

我想，一个人并不需要遭受巨大打击，当最简单的愿望（之前能够轻松实现，如同呼吸一样自然）都实现不了的时候，便是人心最脆弱的时候，这种心理的崩溃往往是一瞬间的理智尽失。

不得不感慨人生的诡异，不一定在什么地方玩你一下，你可能就坚持不了了。而我居然要一个多星期都无法下床，感觉自己太不争气了，就像莫名的千斤重担压在身上，摆脱不了，那种自己什么都掌控不了的感觉，让人倍感无力。

我想，种种的焦虑多是由于内心的不安吧，脚踩大地的踏实感是处于漂浮状态的人所亟须的。有时会觉得自己一个人撑不下去了，想抓个什么东西作为救命稻草，比如谈一场恋爱、积攒足够的钱或求神问佛，还有人在指缝里夹支笔使自己"手足有措"，或者挂些吉祥符使自己免遭厄运……所有的一切，都是为了给自己制造安全感。这种盲目的做法大多是无用的。

《白鲸》的作者赫尔曼·梅尔维尔曾经指出："人性中所有荒谬的傲慢里，没什么能超过来自拥有豪宅、温暖和美食的人对穷人的指责。"

我们如此迫切地想要抓住点什么，是因为我们处在外界的动荡和内心的不安中。我们无力抵抗突如其来的意外，无法反抗现实给你的压力，无法随心所欲地做想做的，无法得到自己想得到的，无法排遣内心的寂寞和惶恐。我们既不能随时喊停，更不能随时叫开始。于是，生活开始变得扭曲、无序，早已模糊了本来的面目。

除了心理的压力外，从离职到现在，社会上也发生了不少事，连我这种两耳不闻窗外事、一心只管找工作的人都多少受到了影响。金融危机和经济衰退带来的持续影响将每个人都卷入其中。"覆巢之下，岂有完卵"，这句话更是让人内心惶惶，不知前路。

在工作时一直都感受不到金融危机的强烈影响，除了物价的涨涨停停。直到最近读研的同学或者朋友也毕业了，从他们反馈的信息和媒体的报道中，我感受到了一股压力。学校扩招，公司招聘缩减，市场不景气，一切都给正在找工作的人带来了严峻的考验，就业成了一个社会问题和热点话题！

社会如何安放我们这一代？记得之前和老爸探讨过这个问题，当时我还信誓旦旦地说："危机往往伴随着转机，时势造英雄，正是这样一个动荡的时势，从另一方面来讲，恰恰提供了一个大展拳脚的机会，谁能在这当中顺应趋势，谁就能获得更大的成功，风险越大，收益越大。在一个平稳的环境下，一切只能按部就班，再大的波浪最后都会归于平静。"

我知道，说这些话是为了让老爸放心，让他知道自己有信心，不悲观。可是，如果之后市场依然没有活跃起来，工作依然没有起色，自己到底该何去何从呢？找工作，自己凭的是什么呢？重点大学背景？两年工作经验？我并不乐观，尤其在家乡这样一个三线小城市，更是少不了人情关系的影响，我不得不担忧。

心理学家埃里希·弗罗姆说："一个人能够，并且应该让自己做到的，不是感到安全，而是能够接纳不安全的现实。"安全感一方面源于内心的感受，一方面源于所处环境的动荡程度和保障程度。我们每个人对于所处环境的影响都是有限的，因此，要保持安全感，更多的是从内心的修炼开始。"海纳百川，有容乃大"，即使大海被投入石子，荡起涟漪之后，依然归于平静。

现实让我们偶尔气馁，现实也让我们成长。古代怀疑论的最后一个代表塞克斯都·恩披里柯说："死亡不应该被认为是一件可怕的自然事件，就像不能把生存看作是一件自然的好事一样。"

永远不要轻视眼前的平凡，永远不要忽略现有的活力与能力。面对不如人意的环境时，我只想做我能做的，让自己成长得快一点，变得强大一点。当我心无旁骛，专心修炼时，我发现自己的内心是充实的，是平静的，也是安稳的。珍惜所有，活在当下。当你不再为那些无法预见的未来而惶恐，不再为那些无法改变的现实而放纵，不再为那些无法确认的情绪而焦虑，你便真正获得了内心的宁静。

幸福没有规律可循，除了无条件地接受生活以及生活带来的一切。记得曾经有一位朋友对我说："人生就像一个牙缸，你可以把它当成一个杯具（悲剧），也可以把它当成一个洗具（喜剧），但如果你执意用来吃饭，变成餐具（惨剧）也不是不可能的。"我们要做的是，看到阳光，向前奔跑，阴影留在身后；听到歌声，开始飞翔，卑微埋进尘土；闭上眼睛，即使阴影存在，依然看到光明；用心生活，即便没有翅膀，依然看到自由！

微笑着原谅别人的无心之过

人生路上，谁都少不了犯一些无心之过。或许，每个女人都曾有过这样的体会：自己无意中犯了错，违背了别人的心愿，打乱了别人的计划，给别人造成了麻烦时，第一反应往往是担心对方大发雷霆，纠缠不休。倘若对方一笑而过，从容地说句没关系，自己心中不免会涌起一股敬畏和欣赏，赞叹对方的气度和修养。

优雅的女人，在面对别人的无心之过的时候，要时刻谨记："己所不欲，勿施于人。"你不希望看到一张满是怨气的脸，听到咄咄逼人的声音，那么别人一样也不希望。忍住一时的怒火，报以宽容的微笑，这是一个优雅的女人所该做的。

一对看起来宛如姐妹的母女，在餐馆里点了一份特色蒸鱼，好不容易等来了这道菜，可还没等菜放到桌上，一场小小的意外就发生了。

上菜的女服务员，长得小巧玲珑，看样子年纪并不大，做事也不熟练。她捧上蒸鱼时，盘子倾斜了，腥膻的鱼汁直淋而下，泼洒在那位母亲的LV皮包上。她本能地跳了起来，刚刚还跟女儿有说有笑的脸，一下变得严肃起来。眼看着，一场"暴风雨"就要来了。

她还没有开口，旁边的女儿便站了起来，对着女服务员露出一抹温柔的微笑，说道："没事，没事，擦一擦就好了。"女服务员吓坏了，手足无措地盯着那位女士的皮包，嘴里嗫嚅地说："对不起，对不起，我不是故意的，我去拿一条干净的毛巾……"女儿却说："没事，你去做事吧！真的没关系。"她的口气温婉柔和，倒像是她给别人惹了麻烦一样。

母亲瞪着女儿，觉得自己就像是一只快要爆炸的气球。她实在不明白，女儿怎么会这么"大方"。女儿平静地看着母亲，什么都没说。餐馆的灯光很是明亮，母亲突然发现，女儿黑亮的眼眸里，竟然镀着一层薄薄的泪光。这顿晚饭，两个人吃得很沉闷。

回到家后，母女两人坐在沙发上。这时，女儿突然跟母亲讲起了她在英国留学时的事。大学毕业后，她顺利考入英国一所大学读研究生。为了锻炼她的独立性，母亲在假期里没让她回国，而是让她自己策划背包旅行，或者尝试一下兼职打工的滋味。在家的时候，她十指不沾阳春水，什么粗工细活都没做过，可到了陌生的国度，她却选择做女侍来体验生活，可谁知第一天上班就闯祸了。

她被分配到厨房清洗酒杯。那些漂亮精致的高脚玻璃杯，一只只薄如蝉翼，只要稍稍用点力，就可能变成晶亮的碎片。她战战兢兢、小心谨慎地把一大堆酒杯都洗干净了，正要松口气的时候，不料身子一歪，一个跟跄摔倒在地。更倒霉的是，那些酒杯也被撞倒了，满地全是晶亮的碎片。

当时，她有一种堕入地狱的感觉。她以为，领班会冲着她吼叫，甚至辞退她。可没想到，领班却不慌不忙地走了过来，搂住了她，问："你没事吧？亲爱的。"接着，便吩咐其他员工，把地上的碎片打扫干净。领班连一句责备的话都没有说，这让她的内心充满了感激。

还有一次，她在给客人倒酒的时候，不小心把鲜红的葡萄酒倒在了顾客白色的裙子上。她以为顾客会大发雷霆，却没想到对方反过来安慰自己："没事，酒渍而已，不难洗的。"说完，顾客拍了拍她的肩膀，然后静静地走进了洗手间，一点都不生气，一点都不张扬。

她对母亲说："妈妈，既然别人都能原谅我的过失，我们为什么不原谅别人呢？那个小姑娘，恐怕年纪还不如我当年大。"

母亲不由得羞愧起来，自己活了五十余载，胸怀竟还不如一个二十岁的女孩开阔。过去，她给人的印象一直是"厉害"，但凡有人弄脏了她的皮鞋或衣服，她总是喋喋不休，不依不饶。可是今天，优雅宽容的女儿教会了她重要的一课："微笑着原谅，才是真正的高贵。"

自那之后，她的性情也变了许多。

一次输液时，实习护士忘了给她做皮试就扎吊瓶，以至于她脸色苍白，浑身抽搐。见此情景，年轻的护士一下慌了神，这让她想起了自己的女儿。她忍着难受，一字一顿地安慰护士："姑娘，别慌，把针头拔掉。"护士这才回过神，迅速地拔了针头。

不管怎么说，这都算得上是一个医疗纠纷，责任很明显。院方的态度很明确，免去一切费用。可她却摆摆手，说："不用了，谁还没有过失的时候。"说这番话的时候，她一脸的宽容。旁边的病友问她："你怎么不生气呢？"她说："小护士也不容易，刚走上社会，若是咱们的女儿，咱们也不忍心她被人责难，不是吗？"

人非圣贤，孰能无过？生活中，谁都有可能因为粗心大意而犯错，女人若是紧紧抓着对方的把柄不放，一味地执着于别人的错误，就显得自己太过苛求和狭隘了。更何况，大发雷霆、纠缠不休，只是雪上加霜。与其如此，倒不如用温和的姿态原谅对方，换一种方式，不仅能赢得对方的尊重和信任，也有助于提高自身的修养与内涵。

为小事计较，只会显露女人的浅薄

拥挤的地铁里，两个打扮入时的女人互揪着头发，厮打在一起，肆无忌惮地谩骂。究其原因，不过是因为一个座位罢了。旁观的人们，露出各种表情，有人皱眉不解，有人摇头叹息，有人出言劝和，有人转身回避。

望着眼前扭打的景象，再去论定谁对谁错没有任何意义，若其中一人稍有点素质和内涵，也不会落得这般尴尬的局面。其实，那趟地铁，全程历时不足一小时，多站一会儿又能损失多少？就算累一点，拥挤一点，也好过在众目睽睽之下，厮打成一团，口无遮掩，遭他人的冷眼旁观与耻笑。两个如此浅薄的女子，实在可叹可悲！

生活本就像七色板，由各种各样的碎片组成。有些碎片看起来精美绝伦，有些碎片看起来丑陋不堪，可是少了哪一样，都算不得完整的生活。只要，多欣赏一下美好的，少计较一下不美好的，也就不至于伤心动气了。总是把目光盯在那些不值一提的小事上，只会越活越狭隘，越活越肤浅。若还要无休止地纠缠下去，就会在不知不觉中消耗掉心智。

安德列·摩瑞斯在《本周》杂志上说道："我们常常因为一点小事，一些本该不屑一顾、抛置脑后的小事，弄得心烦意乱……想想我们活在这世上的日子不过几十年，而我们却浪费了很多不可能再补回来的时间，为一些无足轻重的小事而烦恼，真是太不值得了。"

每每遇到不顺心的事，忍不住想发脾气时，胡夏总会在心里默念："没什么大不了！不计较这些了。"说上几遍之后，她便会觉得宽慰多了。

那天，胡夏和先生邀请几位朋友到家里做客，并特意准备了西餐。平日里的她，是一个很讲究的女人，对吃饭的事也很精细。客人快到时，胡夏突然发现，有三条餐巾的颜色和桌布不配。她跑到厨房里查看，才发现先生新买的两包餐巾竟不是同一种颜色。

她气急败坏，很想冲先生发脾气。这时，客人们已经到家门口了，若她跟先生为此事吵闹，岂不很尴尬？她做了一个深呼吸，心想："算了！没什么大不了，不计较这些了！"说着，就洋溢着笑脸出去迎接朋友了。大家笑着直接走进餐厅吃饭，当晚的气氛很融洽，众人都夸奖她的厨艺不错。至于餐巾的颜色问题，似乎也没人注意到。

朋友走后，胡夏才把餐巾的事告诉先生，并笑着说自己差一点就大发雷霆了。

先生笑问："你一向很讲究，遇到我这个马大哈，办了这么一档子事，怎么还能忍得住？"

她坦白说："我也得权衡一下啊！与其让朋友觉得我是个不那么讲究的人，也不能让他们觉得我是个爱发神经的女人。不讲究还可以说成不拘小节，可大发雷霆就只能是没修养了。为了一点小事大动肝火，惹人耻笑，实在有点得不偿失。"

人生苦短，无论是工作还是生活，繁杂琐碎、惹人厌烦的事太多。满是疲惫的时候，哪怕只是一点小事，也会惹得情绪爆发。可发泄过后呢？什么也没有改变，却适得其反了。就算没有发泄到他人身上，自己喝闷酒，哭得眼睛红肿，也不过是在狠心地惩罚自己，何苦呢？

生气恼怒，永远化解不了问题，只会让问题更加复杂。人与人之间的摩擦，往往都是微不足道的小事，既是小事，有必要争得面红耳赤，谩骂厮打，结下一生的死结吗？放开心胸，大度一点，忍让不是软弱，而是一种修养。

她原来的公司经营不善，开不出工资，一时间解聘了所有人。学历不高、工作经验欠缺的她，奔波了很长时间，也没有找到新工作。

一天，她到某公司面试。那家公司在16楼，好在当天等电梯的人并不多，她上去的时候，同乘的只有两名男子。在电梯门即将关闭的时候，突然有人伸出一只手来。只见一个男人气急败坏地走了进来，冲着她大喊："你是不是聋了啊？我喊了半天，让你等会儿，你听不见啊？"

电梯间的气氛变得凝重了，另外两名男子看着她，想知道她会如何应对这个随便迁怒于别人的男子。没想到，她竟然没生气，很平和地说："不好意思，我真的没听见。"伸手不打笑脸人，那男子也只好作罢，没再言语。

等待面试时，她意外地发现，面试考官竟然就是刚刚在电梯里的那两个男人。显然，她被录用了。考官没有询问她的学历、工作经历，只问了一个问题："你为什么不生气？"

她解释道："他嚷也嚷了，骂也骂了，我再和他生气争吵，没什么意义。我今天是来面试的，不想因为这些事搞砸了心情，影响面试的状态。况且，既然同乘一间电梯，说不定他也在这栋写字楼里工作，甚至还有可能会是我将来的同事，抬头不见低头见，何必为了这点小事结怨呢？不值得。"

英国著名作家迪斯累利说过，容易为小事生气的人，生命往往是短暂的。女人在聆听这一箴言的时候，不妨再谨记一条：容易为小事生气的人，生命总是浅薄的。做女人应该学得大气一点，凡事不要太较真，认死理。太认真了，就会对什么都看不惯，也会一步步地把自己逼到绝望的深渊。放开那些微不足道的小事，是女人的生活智慧，亦是女人可贵的修养。唯有懂得宽恕，懂得容忍和爱的女人，才能在有限的生命里，活出无限的喜悦与精彩。

（05）章

我只想
扮演好

我本来的
角色

女人若能柔弱，何须动用坚强

无论何时何境，保持灵魂的高贵

一间高雅的餐厅里，两个不同的角落，两个不同的女人，两种不同的人生。

东厢的女人出身豪门，Gabrielle Chanel的裙子，Harry Winston的戒指，Prada的包包。她一脚耷拉在沙发下面，一脚放在沙发上，不端的坐姿与她高贵的衣装格格不入。她在给男友打电话，根本忘了自己所在的场合，时而冒出一两句轻浮的话，时而又大爆粗口，惹来餐厅服务员的注目。只是，那些眼神里，没有羡慕，只有鄙夷。

西厢的女人普普通通，清新淡然，穿着一条棉麻阔腿裤，一件宽松的白色T恤，头发自然地散落着。她点了一杯咖啡，对服务生露出一抹浅浅的微笑。她全身上下没有一件名牌，生活向来也是简简单单的，只因从前的她切身体会过贫苦的日子，所以她更愿意用钱帮助那些与自己有着相同命运的人。此刻的她正在写信，收信地址是贵州省某一贫困的山区。

庸俗与高贵，浅薄与深邃，就在一个短短的生活剪影里，被诠释得淋漓尽致。

浮夸虚伪的世界里，要做个漂亮的女人很简单，要学做精明的女人也不难，唯独做一个灵魂圣洁、内心高贵的女人不容易。真正的高贵，不关乎出身，不关乎地位，不关乎名牌，而是内心潜存的精神意念，是灵魂里的自信与高尚，是举手投足间的优雅与从容。

若说漂亮女人是一道风景，那么高贵女人就是万绿丛中一点红。漂亮是天生的，而高贵却要经过时间、由外而内的熏陶才能显现出来。她像一坛沉香的酒，看起来清淡如水，细品才知醇厚的芳香。漂亮的女人只能暂时吸引一些人，高贵的女人却可以长久地征服每个人的心。老天不会把美丽的容貌和锦衣华服赋予每个女人，但女人可以依靠自己培养高贵的灵魂。

一位女友在咖啡厅里，讲起了一则充满温情却又略带哲思的感人故事——

说起高贵的女人，我第一个想到的人，就是海澜。我们第一次见面，是在她先生的别墅里，那里四周都是草地，远处就是蔚蓝色的大海。我和海澜坐在二楼的阳台上，晒着太阳，喝着咖啡，聊着人生。聊到一些颇有感触的话题时，海澜竟提出要弹一首曲子。我留意到，海澜的手很漂亮，纤纤如葱，白皙柔软，肤质细若凝脂，左边的无名指上戴着一枚冰雕般的蓝宝石戒指。那时的她，刚刚与一位年轻有为的华裔富商结婚。

海澜衣食无忧，读书、弹琴、煮咖啡、做蛋糕，有情调的东西总能够吸引她。这样的舒适的日子，在她看来也并不算特别，她原本也是出身门名，过着富足华美的生活。她的骨子里，有一种与生俱来的贵气，不做作，不刻意。

可惜，岁月无常，天意弄人。谁也没想到大起大落的字眼会和她的人生联系在一起。几年之后，因决策失误，家里的生意遭遇危机，在外出洽谈时，父母和丈夫又因为意外离世。一夜之间，繁华落尽，如梦初醒，满是悲凉。那一年，她只有33岁。

海澜和两个孩子相依为命，她用柔弱的肩撑起一个家。她做过钢琴老师，做过美食编辑，做过兼职撰稿人，在奔波劳碌的日子里，她没有一句怨声，平静坦然，默默承受着生活的重担，还有那些不时传来的流言蜚语、嘲笑讥讽，以及幸灾乐祸的目光。

每天晚上，她会辅导两个孩子的功课，给他们讲一些有关人生和品性的故事，也会讲到他们的父亲。日往月来，一年又一年，两个孩子已经读大学了。

那天在海澜家里，我们一起喝下午茶。木质的圆桌被擦得光亮照人，上面放着她亲手做的蛋糕和沙拉。她依然像从前那样，喜欢在蛋糕里放各式各样的东西：核桃、葡萄干、瓜子，水果也切得细细薄薄，整整齐齐，摆出漂亮的团。用叉子吃东西时，她的姿态还是那么优雅轻灵，与当年那个矜持华美的她，毫无分别。

我凝视着海澜的脸，她那么漂亮，长长的睫毛，水汪汪的眼睛。只是，那些沧桑和坎坷，全都落在了她那双纤纤之手上，它们跟着海澜一起完成了人生的蜕变，变得硬实了。

我轻轻地问："这些年，挺难的吧？我听说，有个富人一直追求你，你没动过心？"

她说："他是我丈夫的旧相识，对我确实不错，常常开车过来看我和孩子。特别累的时候，我也想过，可以依靠一下他，帮我分担肩上的担子。可是，我不能那么做，我不爱他……"海澜笑着，温婉宁静，安然自若。她烫着漂亮的头发，穿着一件米色的开衫毛衣，周身散发着一种高贵的气息。

什么是高贵？我想这就是了——干净、优雅、低调、有尊严地活着，不为眼前的利益而放弃原则，不为渴望温暖的贪念而违背真心。富与贵不是对等的，那些灵魂上高贵的女人不一定富足，高贵永远无法用金钱买到。

高贵的女人，有一颗无欲则刚的平常心，对待得失总能随缘；

高贵的女人，有一份从容豁达的心态，对事宽容，对人温和，不会要求最完美，却会要求自己做到最好；高贵的女人不一定拥有物质的最高贵，却会完备内心的高洁；高贵的女人，不会因为命运的践踏而凋零，她会依靠自己去改变命运，把自己活成一粒种子，慢慢地发芽、开花、结果。

高贵的女人，从不渴望被男人赐予幸福，她们懂得柔弱与依附只会让生命黯然失色。与此同时，她们也不会给男人背负太多的精神负担，而是用完善自我的方式帮助男人找到一种信心，让他勇敢地为自己托付爱。她们通达善意，珍惜感情，却又不会为爱失去自我。

女人，活着就要美丽、高贵。在人生的旅途中，始终保持一颗高贵的心，无论何时，遭遇何事，都要仰起骄傲的头，做一个从容坦荡、快乐由心、优雅淡然的女人。

一个人也要好好生活

一个人的生活真的很简单，一间小房间，一张床，一台电脑，一堆书，把自己安置好，没有大悲伤，也没有大快乐。只有小小的惊喜、小小的孤单、小小的恐怖、小小的期待，细微而琐碎。

一个人住得久了，忘记怎么倾诉自己。就算和你擦肩而过，我也忘记应该有怎样的表情……

2011 年，我一个人住在日本。日本有一个作家叫作高木直子，她写了一本书，名叫《一个人住第 5 年》。我一个人住的时候，就着了迷一样地看这本书。

一个人住没有什么不好，很自由也很放松。每天穿着宽松的睡衣和拖鞋，在自己的小房间里窝着，看看电视剧，吃吃零食，画画漫画。我拥有一个只属于我的空间，四面窄窄的墙壁把我紧紧地包裹着，我反倒有了一种安全感。

一个人住的时候，时间会过得很快。我喜欢用厚厚的窗帘把窗子牢牢地掩住，早上蒙蒙眬眬地张开眼，也不知道几点，潦潦草草地清洁一下自己，然后一整天满满的都是自己的时间。做自己喜欢的事，沉浸在其中，不知不觉，抬起头发现，窗外已经是繁星满布，一天又那么不带痕迹地过去了。

一个人住的时候，时间反而会静止下来。我有一块很大很大的地毯，深棕色的，比我的床还要大。我喜欢躺在地毯上，软绵绵、毛茸茸的很舒服。失眠的时候，我就仰着头看天花板。天花板上，路灯的光透过窗帘的缝隙钻了进来，映出各色各样的影子。路灯也陪我失眠呢，我这样想着，然后我就睡着了。

一个人住，有时心里什么都不想，睡得很好，什么时候都能睡，什么事都是窝在床上完成的。在床边吃饭，趴在床上看视频，俯在床上做腹部运动，躺着沉思。我在思考什么呢？我也不知道，只是，不知不觉中就睡去，然后又不知不觉地醒过来。每天都自己一个人，这么安静，有时候会过得连日子都忘记。

一个人住的时候，最怕失眠。晚上整夜整夜地睡不着，就去街上的便利店买一瓶烧酒，回到家自己灌自己。日本的烧酒不烈，便利店里的更是被稀释了酒精度。喝了半瓶酒，自己反倒兴奋了，突然变得特别想说话，但是摸出手机来翻了一圈却找不到人聊天。

看看窗外，天已经蒙蒙亮了，干脆就穿上运动衣去跑步。清晨的街道真的特别安静，街上根本就没有什么人，清晨时分，连小鸟都没有醒来。天只是浅浅地亮着，地上也有一层薄薄的树影。我绕着街道慢慢地跑着，有时会有带着晨露的树叶落下来，落到我的头上、肩上，再掉落在地，在衣服上空留一片水印。

跑着跑着，之前喝的烧酒的酒劲上来了，脚步变得有些蹒跚，回到家已晕晕乎乎，顺势往床上一躺，再一睁眼就已日上三竿。

一个人的时候，最麻烦的事就是吃饭。

最常去的地方是便利店，我也不爱买便当，偏偏买一些没有营养的小零食，话梅、蜜饯、甜豆、巧克力什么的，抱一堆回家，然后窝在床上吃一天。吃零食的时候，最开心的就是拆开一个个各式各样的包装，将一颗一颗五颜六色的糖果塞进嘴里，甜味和糖分在口腔里不断聚集，然后恋恋不舍地散掉，再放进去更多，直到嘴里被塞得满满的。

一个人的寂寞，只有通过感官获得一点点刺激。

虽然不常做菜，但是我每周会去一次市场，买一些新鲜蔬果。我往往会在周六的清早去市场。这天我会醒得很早，背着一个很大的双肩背包，穿着合脚的球鞋，出门的时候管理员"欧巴桑"都还没有起床。市场同我住的地方隔着十几个路口，走过去的话，应当刚好开门。人不多，新鲜的蔬菜和水果的味道布满空气，让我能感受到一些自然的味道。

买了新鲜的青菜和苹果、鸡蛋和牛奶，把包装得满满的，最后再买一个二百日元的冰激凌，在回家的路上一边走一边吃。冰激凌很甜很甜，北海道的奶制品都很好吃，可是还没走到一半就吃完了，后半段路程里，冰激凌的味道就在嘴里一点点变淡，等我快到家了，冰激凌的甜味也没有了。我又回到了没有味道的、平静的、一个人的世界里。

一个人做饭吃，煮饭的量很难把握，总是煮得太多。后来和对门的台湾女生学，干脆一煮一大锅，然后分成一小块一小块，用保鲜膜包好放进冰箱冷冻着，下一餐饭的时候就拿出一块来解冻。可以配着百元店买来的咖喱酱吃咖喱饭，也可以就着来日本的时候妈妈放进行李里的榨菜，也不知道是什么味道，反正就随随便便地往嘴里塞。

后来我做三明治，也像煮饭一样做了好几天的份，可是晚上肚子饿，吃了一个以后发现全麦面包配上芝士简直是绝配，一吃就停不了，一直吃一直吃，一不小心就把四五餐的份都吃完了。我捧着撑得硬硬的肚子躺在毛茸茸的地毯上，虽然胃有点涨得不舒服，但心里反而有一点满足的情绪，也许把胃填满了，心就也不会空了？

一个人的时候，其实也是有感情的。

不是所有一个人住的人都是单身，也不是所有单身的人都寂寞。

我的朋友里，有的人仍旧潇洒地保持着单身，一有休假日就和各种朋友出门旅行、玩乐。

有的人会有饭搭子，两个自己住的人商量着一起买菜、一起开火，一个做菜，一个刷碗，不仅节省饭钱，还能热热闹闹地吃顿饭。

两个单身的人，在一起久了，往往很快会住到一起去。反正都是一个人，住在一起做个伴，睡觉的时候被窝都会暖和一点。

以前我没有自己一个人住的时候，我以为我在一个人生活的时候会过得很潇洒。

但是当我真正一个人住的时候，我发现我总是很宅。

但即使很宅，我还是体验了许多。因为一个人住，真的会有很多的时间，多到我自己都有点慌了，于是就给自己找事做。

开始我只做自己喜欢做的事：天天睡懒觉、吃零食、看电影。后来发现，自己喜欢做的事做多了心里也会发慌，睡觉睡到产生了幻觉。于是我就开始做自己不是那么喜欢的事：学习、练字、做运动。

本来我很崇尚成功学那一套，觉得我的人生的成功就在于做了多少大事。一个人住之后我才发现，其实人活着，最重要的事就是给自己找事做，别让自己闲着。

一个人住得久了，胆子就越来越大，什么事情都能够一个人做。

一个人跑银行，跑遍整个城市办手续。

一个人去小饭馆吃拉面，拉面端上来的时候看到那层厚厚的作料，就胃口大开，吃了一大海碗。

一个人去市中心坐摩天轮，摩天轮升到城市最高的地方，扒着玻璃看整个城市的夜景。

一个人去吃好吃的，给自己买棉花糖和章鱼烧，章鱼烧滋滋地冒着热气，上面盖着一层美乃滋和细细的海苔粉。

一个人去游乐场玩，排在满是情侣的队伍里也不觉得突兀，坐上过山车看到世界在眼前颠来倒去，尖叫得比谁都响。

一个人去看电影，买了一罐可乐和小杯的爆米花，默默地坐在倒数第三排的最右边，一直坐到大银幕上出现"谢谢观赏"。

一个人去洗温泉，洗净身体，然后学着老奶奶们的样子把毛巾折成方形放在头顶，身子浸入温泉。

……

一个人住的时候，还是可以很时髦优雅的。我精心布置我的房间，有毛茸茸的地毯，还有漂亮的桌布，整整一面墙上都是我自己的画，桌上是一对红酒杯和香薰蜡烛，打开冰箱，总会有巧克力和红酒，也会有我爱喝的蜜柑水。

其实，一个人的生活真的很简单，十来平方米的小房间，一张床，一台电脑，一堆书，把自己安置好，没有大悲伤，也没有大快乐。只有小小的惊喜、小小的孤单、小小的恐怖和小小的期待，细微而琐碎。

一个人住得久了，忘记怎么倾诉自己。

就算和你擦肩而过，我也忘记应该有怎样的表情……

活出一份精致，是女人的尊严

奥黛丽·赫本给女儿的遗言中说道："若要有优美的嘴唇，就要讲亲切的话；若要有可爱的眼睛，就要看到别人的好处；若要有苗条的身材，就要把食物分给饥饿的人；若要有美丽的头发，就让小孩子一天抚摸一次你的头发；若要有优美的姿态，就要记住走路时行人不止你一个。"

身为女人，要活得优雅，必得活得精致，在细枝末节上展示出一份美好的姿态。

优雅知性的杂志女主编Ella，回忆起自己当年在法国留学的日子，感慨万千。

毕业那年，她四处奔波找工作，忙碌好久，却迟迟没能如愿。那样的日子再继续下去，除了回国，别无他法。她不知道问题出在哪儿，直到那位女面试官用鄙视的语气告诉她，她的形象与简历不相符。她发誓，可以用能力让她收回对自己的鄙视。可惜，对方没有给她展示能力的机会。

她的房东爱玛是个苛刻而考究的女人，她在家里给Ella列出了

N条要求——不允许十二点之前还亮着灯；不允许洗浴时间超过十分钟；不允许穿戴不整齐就进入客厅；不允许用整洁的厨房做中餐；不允许家里有客人造访时不擦口红。

Ella坦言，她当时真的很讨厌爱玛，可奇怪的是，周围的人却都说她是一位不错的房东。

那次，Ella刚洗过头发，坐在床上一边看招聘消息，一边吃面包。爱玛见到后，径直走了过来，夺下Ella手里的报纸和面包，要她离开这里，指责她没素质。一气之下，Ella披散着头发，穿着睡衣、披上外套走了出去。

这些年来，从来没有谁说过Ella没素质，她傲人的成绩和出色的能力，让她一路走得都很平坦。她的家境不错，但母亲从不娇惯她，一直提醒她，能力最重要。她想不通，为什么这里的人那么喜欢"以貌取人"！

天气寒冷，她也很饿，出门后她就去了一家咖啡馆。咖啡馆的人很多，服务生为Ella引到一个空位上，用一种奇怪的眼神看着她。空位的对面坐着一位法国女士，她看起来尊贵精致，穿着十分讲究。Ella有点不好意思，她的睡衣、运动鞋在对方的套装、丝袜、高跟鞋面前，卑微极了。Ella突然觉得，若不是因为自己披了一件价值不菲的外衣，这家高级咖啡厅恐怕会将自己拒之门外。

Ella点了一杯咖啡。侍者离开后，那位法国女士什么也没说，只是拿出一张便笺，写了一行字给Ella。她说，洗手间在你的右后方。Ella抬头看着她，她优雅地喝着咖啡，全然当作没这回事。Ella尴尬至极，想起房东爱玛方才对自己的指责，竟然觉得她没什么错。

对着镜子，看着自己一身皱巴巴的睡衣，被风吹乱的头发，嘴边沾着的面包屑，Ella平生第一次看不起自己。她觉得，这副装扮根本就是喻示着，她既不尊重自己，也不尊重他人。想起下午面试时穿着的休闲便装，她觉得，那更是对一家知名企业以及那位HR的不尊重。

稍作整理之后，Ella又回到了刚才的座位上，那位法国女士已经离开。她给Ella留了一张字条，上面赫然显示一句漂亮的手写法语：身为女人，你要精致地活着，这是女人的尊严。

Ella迅速地离开了那家咖啡厅。到家后，才发现爱玛一直在客厅里等她。一见到Ella，爱玛就说她回来晚了，明天要帮她打扫房间。Ella向爱玛道歉，同意了她的要求。不过，此时的Ella已经对爱玛有了改观，她发现爱玛的"N条要求"给自己带来了很多益处。比如，早点休息可以让她拥有更好的精神状态；穿着优雅可以让她更自信，并赢得他人的尊重。

后来，Ella如愿地应聘到一家时尚杂志做助理，她得体的装扮和良好的精神状态，为她赢得了对方的肯定。那位精干的女上司对她说："你非常优秀，我们欢迎你。"Ella惊奇地发现，她的上司竟然就是上次在咖啡厅里遇到的那位女士，她是业界非常有名的杂志主编，不过她没有认出Ella。

Ella对她说了一声谢谢。那一句，不是客套的回应，而是发自内心的感激。她谢谢这位优雅的女士让她学会了宝贵的一课：身为女人，你要精致地活着。

多年前播出偶像剧《流星花园》中，优雅娴静的静学姐对"杂草女孩"杉菜说："一个女孩子要时时刻刻把自己打扮得漂漂亮亮，因为说不定哪个时候就能碰见自己的白马王子。"没错，优雅不只是得体的妆容，不只是约会时的刻意装扮，它该是一种对生活的姿态，一种对自己负责的坚持。

精致，如同无形的精灵，紧紧地抓住人的感官，悄悄潜入人的心灵，给人留下难以磨灭的印象。精致，不只体现在穿着打扮上，它还体现在每一个微小之处。细节最能反映一个人的本质，优雅的女性常常不是在学识、容貌上有多大的优势，她们会在细微之处显出自己的与众不同。

电影《阮玲玉》中，一个女子，高高挑挑的身材，穿着单薄的旗袍，走在幽静的小巷，轻盈的走姿凸显着她最美好的身段。看过这个镜头的人，无不为其倾倒。为了演出这份美丽的走姿，张曼玉曾经在多面镜子前苦练走路，最终换得出神入化之效。精致的女人就是这样，连走路的姿态也不会疏忽，每一步都带着一份优雅，一份从容，一份贵气。

小说《玫瑰门》中，女主人公司漪纹在被人抄家的时候，依然保持着最好的姿态。女作家铁凝在描述这一情节时这样写道："院里突然响起一片杂沓的脚步声，红的绿的影子在窗外走马灯似的晃动。司猗纹连忙放下手中的半块点心，飞速用毛巾掸掸嘴擦擦牙就推开了屋门。"精致的女人就是如此，任尔狂风骤雨，我自淡定从容。

精致，是一门极致的学问，是随着年华老去，依然刻骨的格调，怎么看都不会厌倦，怎么听都不会腻烦，怎么想都依然清新。精致地活着，是不浓妆艳抹，也不素面朝天，追求简约而不简单的大气；精致地活着，是做人群中的焦点，却不哗众取宠，是风情万种，却没有矫揉造作；精致地活着，是把自尊自爱当成高贵的资本，而不是依靠容貌与青春去保值；精致地活着，是有奢华的风骨，却不沦

227

为金钱的傀儡；精致地活着，是内心充满自信自惜，赏心于己，悦目于人，把一杯红酒喝出情调，把一件衣服穿出品位，把自爱当成被爱的基础。

做女人，就要精致地活着！为别人，更为自己。

把生活过成你想要的样子

简老师是儿子学校的英语老师。因为我的孩子，我认识了她。简老师是位漂亮的女士，两年前从北京某重点大学毕业，研究生学历。以她的学历和能力，要在北京谋个职位，不是问题。但出乎大家意料的是，她选择回到家乡，做了某中学的英语老师。

家乡是南方某座小城，没有大都市的繁华，没有林立的高楼。小城教育比较落后，能出她这么一个北京重点大学的研究生，实属不易。曾经很多家长都让孩子以她为榜样。但现如今，她放弃了大都市更好的就业机会，回到家乡做了老师，人们除了对她敬佩，还有更多的好奇和不解。

在一次家长会上，我对简老师有了更深一些的了解。

她说，当初选择回来，不是没有犹豫过。大都市的繁华热闹，大公司的高薪，那都是诱惑。但经过一段时间的纠结和理性的思考，她最终还是选择回到家乡执教。她的理由很简单：一是爸爸妈妈年纪大了，需要有人在身边照顾。特别是妈妈，身体多病，爸爸一个人照顾不过来。或许有人会说，在大城市找个好工作，再把父母接过去，不也很好吗？但她知道，爸爸妈妈舍不得离开家乡，或许可以说动他们一起到大城市生活，但她知道父母一定会过得不开心。二是家乡中学很缺乏英语教师。她学的是英语专业，可以把自己学到的知识很好地传授给孩子们。权衡再三，她才做出这样的决定。

她这样的做法，不仅别人一时难以理解，当初也遭到了父母的强烈反对。特别是母亲，甚至拒绝吃药，威胁她一定要留在大城市。但父母越是反对，她回来的决心越是坚定。她理解父母的举动，他们都是为了她好。但她知道，如果真的留在大都市工作、生活，那么她和父母的联系不过是一通电话，一年到头恐怕只能在春节期间，回来陪伴他们那么几天。这对于思念儿女的父母来说，是远远不够的。

我们总会找到很多理由或借口，对自己说：等一切都安顿好，再好好地孝敬父母。其实，父母真的不是盼望儿女能带给他们富贵的生活，他们需要的只是我们的陪伴。

但父母为了能让我们在别处安心地生活和工作，总是报喜不报忧，遇到病痛和困难也总不肯说，自己默默地扛。父母总能为儿女牺牲很多，做儿女的，为父母做一些力所能及的事，不是应该的吗？"子欲养而亲不待"，她不想让自己有那么深的遗憾。

她坚持留在了家乡中学，一边殷勤地照顾爸爸妈妈，一边努力工作。她的教学方法相对新颖，工作效率又高，获得了很多家长和学生的喜爱。

她说："会有很多人为我惋惜，觉得不值。其实，每个人都有自己的活法，值与不值自己最清楚。对我来说，父母安在，生活充实，内心安稳，自食其力，这是非常惬意的生活。如果再能遇上一个懂我的男子，那就再好不过了。"

很简单很朴实的话语，里面蕴含的东西非常值得回味。

看过一个采访，说某重点大学物理系的一个女大学生，毕业后从事了销售的工作，而且干得风生水起。不久之后，她就晋升成为销售总监。当初她选择从事这份职业的时候，周围的同学，甚至老师、父母都不理解。后来这女孩回答说：

"考物理系是为了实现爸爸的梦想，但销售行业才是我自己喜欢的。如今，两个梦想都实现了，我很高兴。"

很多人都想知道，她如何在短期内能让自己有那么大的提升。

她说：

"我只想做好自己，不和别人比，我只尊重自己的喜好，选择了自己喜欢的职业和生活，并热切地享受着。这样，就很容易得到快乐、满足与成功。"

怎样才是最好的生活，怎样才是最好的自己？这个问题，从来没有一个统一的答案。每个人有每个人的成长环境，每个人有每个人追求的目标。简老师和销售女孩，她们都有自己的主张和选择，尊重自己内心的意愿，她们都是以心甘情愿的态度，过着随遇而安的生活。她们都是内心笃定的女孩，这真的很让人钦佩。

的确，这个世界上有很多人受制于自己的虚荣心，他们做任何事情都是为了获得别人的肯定与赞许，其实他们实在委屈了自己。在这个纷繁复杂、充满诱惑的社会，我们要做个有想法的女孩，不被外界左右，不羡慕别人，不轻贱自己。

要知道，过的是自己喜欢过的日子，就是最好的日子；活的是自己喜欢活的活法，就是最好的活法。遵循内心的召唤，善待自己也善待他人，就是最好的自己。

练习一个人

认识一个女孩，叫晓梅。大学毕业后不久，她就嫁给了感情甚笃的男友。男友也算"富二代"，大家都说女孩命好，嫁给了殷实人家，从此以后就可以过上少奶奶的生活了，每天只要相夫教子即可。

但是她可不愿意这样，生完第一个孩子后，就借助夫家的实力，在美容领域里发展自己的事业。没几年工夫，她就又开了几家分店，事业蒸蒸日上。但她事业与生活两不误，这期间，她又生下了第二个孩子。至于她和丈夫的感情，一直都很稳定。她真可谓事业与爱情双丰收的幸福女人。

有人问她："为什么不安心在家过少奶奶的生活呢？不缺吃少穿的，何苦把自己弄得那么累！"

她回答说："我一直希望自己在美容领域里占有一席之地，因为拥有一个属于自己的事业会让我更有自信。"

记得还看过这样一篇采访：

主人公雨彤，雅玛瑜伽会馆馆主，现任温州电视台女性栏目瑜伽导师。

记者问："你也说过，创业是件很辛苦的事，那为什么还想要去开瑜伽馆呢？"

雨彤回答："开瑜伽馆一直是我的理想，不管是女人还是男人，我觉得活着总得去做点什么，尤其是做自己喜欢的事，并且尽力而为。当我们老了的时候回头看自己走过的路，感觉还是有很多美好的回忆，不至于为自己年轻时候的不作为而后悔。"

这些事业有成的女人，都有一个共同特点：不肯依附于人，坚持为自己的梦想而努力。

想起三毛说的一句话："一个人至少拥有一个梦想，有一个理由去坚强。心若没有栖息的地方，到哪里都是流浪。"

有人说，不是每个女孩都有晓梅这样的幸运，嫁了个有钱的好男人。我相信，幸运这个东西是存在的，但它不是起决定性作用的。如果晓梅自身不勤奋、不努力，那么恐怕有再好的平台，她也不会展现自己。而像晓梅这样能嫁进富贵人家的女孩也不少，但不是每一个嫁进富贵人家的女孩，都能有晓梅这样的眼界和胆识，她们更多的是安于现状，得过且过地过少奶奶生活，而想不到去开创自己的事业吧！

不可否认，有点背景的女孩，可以衣食无忧，可以享受到更优渥的物质生活。另外，那对将来事业的发展也有很大的帮助。不过，那不意味着你不努力就可以随随便便获得成功。靠父母，父母总有一天会不在；靠爱人，爱人可能有一天会离去。纵使背景深厚，如果不学无术，一天只知道吃喝玩乐，这一生又能有什么价值呢？只有那些有自己的想法，勇于开创自己的事业的人，才是智慧之人。

女人嫁得好，自然可以算是一种福气。可是嫁入富贵人家真的就一劳永逸吗？梦碎豪门的少妇我们见得还少吗？把未来当赌注压在一个男人的身上，是一件很冒险的事。虽然男人靠谱与否跟有钱没钱无关，但不能否认，有钱的男人对于许多女人来说更具有诱惑力。你确信，你依靠的这个男人能对你始终如一吗？你凭什么样的魅力把对方的心稳稳抓住呢？

年轻美貌？你要知道，这世界从来不缺乏有姿色的女人。母凭子贵？这天下又不只有你一个会生孩子。撒泼、耍赖、秀下限？那你还是趁早走开吧！

拿父母当靠山，山有一天也会倒；把婚姻当成安乐窝，窝说不定有一天也会坏。其实，谁都有靠不住的时候，最后还得靠自己。

所以，生得好不如嫁得好，嫁得好不如干得好。

晓梅无疑是非常聪明的女人，她懂得运用平台实现自己的价值，让丈夫不敢小瞧她。她不仅让丈夫看到了她作为妻子柔情的一面，她还向丈夫展现了智慧的一面。这样的女人，智商高，情商更高。她知道如何让爱情保鲜，更懂得怎样做才能让自己更具有魅力。人生赢家，说的就是她这样的女人吧！

其实，无论你是单身，还是已婚，这都不是关键，关键是你想成为什么样的人。你不能有依赖思想，不能事事指望他人，你要练习一个人。自己能挣上万的月薪固然好，能挣三两千的薪水也不错，起码你有能力养活自己，为此你就该感到骄傲。你有独立的灵魂，有专属自己的梦想，那就付诸行动。要知道，不肯为之付出行动的梦想，那只是白日梦。

我们都知道，努力不一定能达到你预期的效果，但是更加显而易见的是，不努力就一定没有效果。女人要做家庭主妇也没什么，但你不能让自己无所事事，怎么也得给自己找点事情做，让自己充实起来。如果一天到晚地做美容，泡麻将馆，那么你不嫌弃自己，对方也迟早有一天会厌恶你。别浪费时间，而要尝试着去开创自己的一点事业，哪怕做家庭手工或者网上开店等。这么做，你一样能够有一份收入。你完全可以从"小打小闹"做起。

总之，女人为了活得独立，就必须发挥自己的专长，尽力挖掘自己的潜能，让自己的脑细胞调动起来。你只要愿意，总能找到一件让自己足以能独立的事。这很重要，因为毕竟婚姻是两个人的较量与承担，而不是一个人的努力与奉献。要想不被人看不起，你首先得做出让人看得起的事，对吧？

女人活得独立才算是精彩，才称得上成功。可是假如你想取得人生的成功，却又不想努力，那就是天方夜谭了。给你一个机会，你不懂抓住；给你一个平台，你没有能力施展自己的拳脚。这只能说明，你不是这块料，或者说你还没有做好准备，还没有具备足够的能力和自信。

可是，没有无缘无故的自信。你要知道，要想活得独立，必须得具备充足的自信。自信是需要培养的，有时候一点小小的成功的取得会助长自信的建立。所以不妨把目标定得低一些，那样成功的概率就会大一些，你需要这些小小的成功来建立自信。

那些信心满满的魅力女人，她们大都活得独立，坚守自己，同时也拥有足够的能力。她们自信，果敢，自主，哪怕靠近一棵大树，也不做缠树的藤。这样的女人，如何能不让人佩服？人生态度，决定人的生活质量。女孩，想成为什么样的人，这是非常重要的。因为只有确定了自己的人生目标，才能朝着方向一步步努力。而要达到成功的目标，就必须自己为自己做主，自己为自己喝彩，自己做自己的依靠。

人生就是一场博弈，女人无论在哪种状态，都要懂得坚守自我，懂得冷静思考。女人要有自己的事业，不一定要多辉煌，但至少你得能够挣钱满足你自己的需要，而不让自己过多地依靠别人。即使做一个普通的职员，或一个平凡的体力劳动者，那也很好。女人自己挣钱自己花，怎么开心就怎么花，不需要看别人的脸色行事，不是很好的事吗？那会让人感受到来自心底的自信、满足与愉悦，这有多棒啊！

女人，还要拥有自己的生活圈和朋友圈，要有良好的生活习惯，有富足的精神生活。多一点平和心态，多一点达观心理，多一点正能量的价值观念。要记住，女人可以不当"女汉子"，但也不能太软弱。你必须要有独立面对这个世界的勇气，有谁没谁，你都要活得独立，因为活得独立才会精彩。

形似弱，并非不禁风

都说女人善于妥协，感情非常脆弱。女人真的都是这样吗？在古代，描写女人卓尔不凡、特立独行的诗句有很多，其中有一则是：

北方有佳人，绝世而独立。

一顾倾人城，再顾倾人国。

宁不知倾城与倾国？

佳人难再得！

女人的美丽、气质自不必说，她不仅有如水的柔情，又有自己的勇敢和坚强。在《诗经》中，有一个女子曾这样喟叹："及尔偕老，老使我怨。淇则有岸，隰则有泮。总角之宴，言笑晏晏。信誓旦旦，不思其反。反是不思，亦已焉哉！"这是一个女人面对感情的欺骗，与丈夫的决绝。女词人李清照是婉约派的代表，亦有"生当作人杰，死亦为鬼雄"的豪情。

可以看出，女人形似弱，但并不像人们说的那样不禁风。

小璐是一个很内向、很文静的女孩。她说话的声音很低，让人听着感觉软绵绵的。在职场中，同事们都感觉和她沟通最费劲，因为她从不表现出自己的喜怒哀乐，说的话一丝一缕的，让人摸不着头脑。

这么一个轻柔的女孩，没有脾气，不会惹是生非，像一缕炊烟，一枝弱柳。小璐的柔弱在职场中是出了名的，办公室的人都谑称：天上掉下来了一个不哭闹的林妹妹。

但常言道：人心隔肚皮。小璐的不温不火，让大家摸不透她的心思，无法与她亲近。有一次，在公司的月末总结讨论会上，经理让大家畅所欲言，说一下公司的内部管理有哪些不合理的地方。

会议好像一贯是歌功颂德的，这次也不例外。最先站起来讲话的那几个人说话比较官方，很隐晦地把公司的日常管理夸赞了一番。这样一来，与其说这是一个批评反思的会议，倒不如说这是一个表彰夸赞大会。

正在一片欢乐中，小璐站了起来。她对着在场所有人员说："公司的管理太不正规了，规章制度也成了摆设，比如对于每天早上上班迟到的人员，并没有进行处罚。也许有时候大家会觉得不必要，以为迟到十分钟以内情有可原，并不算迟到，可是无规矩不成方圆……"

同事们听到小璐慷慨激昂的讲话，一下子都愣住了，会议室里出奇的安静。小璐感觉到了异常，没有再说下去。此时，经理为了打破这尴尬的局面，对小璐说："说得好，还有吗？大家在一旁听着，记在了心里，正在反思自己的日常行为。"

听经理这么说，小璐像是得到了赦免一般，继续说："还有公司的请假制度，员工都是随便让他人转达一下或者打个电话……"

这次会议后，同事们再也不敢小瞧小璐了，因为她并没有大家想象中那么柔弱。

职场中的女人有时虽然看起来柔弱，但她们在做事时也有雷厉风行的一面。小璐在公司里不善于表达自己的喜怒哀乐，总是平平淡淡的、默默无闻的。可是，在会议上，她的大胆直言让不少同事对她刮目相看。通过这次会议，大家才真正了解到小璐的秉性。

有这样一句话："不鸣则已，一鸣惊人。"用这句话来形容看似柔弱实则强悍的女人再合适不过。女人并不是顺从者，因为女人的心思不轻易向他人透漏，所以才会给他人留下一个娇小脆弱，不能经历风雨、担当大事的印象。

"你这次出差要多久？"女人边收拾东西边回头望着将要离开的男人。男人正在书桌前整理一大堆的文件，突然转头很认真地说："这次比较长，可能要一个多月。你一个人在家行吗？"女人随口回了句："怎么不行了！你在家也是忙工作，也没有做什么事啊？"

男人哈哈一笑，不以为然地说："哪次不是我去接孩子，从楼下到楼上搬煤气，收拾家用电器，偶尔还给你做几个小菜……"女人听着男人说的话，手头的动作慢了下来，低头不语了，看着好像快要哭了。

男人感觉到了女人的异常，不知道怎么办才好。毕竟这是自己第一次要离开这么长的时间，而家里的事，他出差在外是帮不上忙的。女人很快整理好自己的情绪，抬起头望着他，自信地说："这个家我至少扛了半边天吧。你离开了，生活一切照旧。等你回来，就知道我有多么强大了。"

男人看着柔弱的女人舍不得离开。他知道他的女人是一个要强的人，自己离开后，所有的担子都落到了女人的身上，女人会很辛苦。

一个月后，男人出差回来了。他没有通知女人，而是直接赶回了家。他到家时，刚好是吃晚饭的时候。他悄悄打开房门，看到父母和孩子在饭桌前已经坐好了，女人在厨房准备着最后一道菜，整个屋子都飘着饭香。

在家庭中，男人是一家之主，是家中的顶梁柱。可是，女人并非软弱得无法担当生活的重担。遇到困难时，女人并不总是哭哭啼啼的，没有自己的主见。女人可以成为生活中的强者、生活中的主宰者。

在生命之河中，女人并不是漂浮不定的浮萍。她们亦可以独当一面，让自己的生活如鱼得水。

女人依心而行，随心而动

前几天，我在电视上看到一个调解节目。节目讲述的是：

有个女孩，大学毕业一年了，依然待业在家。有一天，家里来了客人，女孩的母亲就自然而然地和客人聊起了家常。当听说对方的孩子大学刚毕业，就找到一份好工作了，女孩母亲羡慕得不得了。她说："如果我的女儿能有你孩子一半的能干和懂事，我就不需要操那么多心了。"

谁知道，两人的谈话被待在自己房间里的女孩听到了。她气急败坏地跑出来，对着自己的母亲大吼："你说够了吗？我的脸都给你说没了！难道是我不努力去找工作吗？我尽力了，就是找不到我喜欢的工作，好吗？"

母女俩的关系出现严重裂痕，矛盾不断激化。一天一小吵，三天一大闹，简直到了水火不相容的地步。母亲没办法，只好找到某电视台的调解节目帮忙。

母亲指责女儿不懂事、任性，伤透了她的心。她和女孩的父亲早离婚了，一个人含辛茹苦把女儿养大，然后千辛万苦供她上完大学。原以为女儿大学毕业，就有出息了，但没想到，女儿大学毕业后至今，没找到一份像样的工作，一直待在家里"啃老"。

女儿也指责母亲霸道，从小对她管教很严厉。就连她上大学的专业，都是妈妈替她选择的，说那是热门专业，毕业出来好找工作。从小，她就不能有自己的主见，一切都要听妈妈的。大学毕业后，她没有按照自己的专业去找工作，因为她压根就不喜欢她的专业，而是去某企业做了一名销售员，她自己很喜欢这份工作。

母亲一听说女儿居然去干销售员，气不打一处来，逼着她辞职，要她重新去找体面的工作。母亲无法理解，因为女儿说什么也是名校毕业啊。女儿不同意，母亲就到她单位去闹。没办法，她只好离开了那个单位。

后来，她又陆陆续续找了几份工作，都因为母亲不满意而作罢了。她又四处投了几份简历，也是石沉大海。最后，她一怒之下，不再出去找工作，只把自己关在房间里。作息时间全部混乱，白天睡觉，晚上则像夜猫子似的，清醒得很，玩电脑。她不和母亲交流，不吃饭，饿的时候用零食喂饱自己。垃圾食品吃得太多了，她的身体也变得虚胖起来。妈妈拿她一点办法都没有了。

看到这里，我们就基本清楚了。一个强势的母亲和一个软弱的女儿的战斗，没有赢家，只有受伤的两个人。后经调解和开导，母女俩都意识到自身的错误，表示都要改变。

生活中，我们时常会看到这样懦弱的、没有主见的女孩。我们当然可以说，这样的性格与她们的个性及生活环境有很大关系，但是缺乏勇气毕竟需要纠正。

这不禁让我又想起另一个女孩。同样遭遇强势的家长，但因为她有足够的勇气，坚决依心而行，随心而动，终于走出了专属自己的人生之路。

厦门有一家不太大的美容美体店，店的主人是一位名叫冬冬的女孩。女孩出身军旅之家，她有一个学识渊博却很强势的父亲。父亲从小望女成凤，他设计了让女儿成材的路。但女儿生性顽皮，聪明，有主见。她不肯按照父亲为她设计好的路走，而是选择遵循自己的意愿，报读了自己兴趣浓厚的大学及专业。

毕业后，父亲又想给她找一份好工作，她又拒绝了。父亲一气之下威胁她要脱离父女关系，女孩大笔一挥，眼都不眨，签了"脱离父女关系书"，然后直奔厦门。女孩自己在厦门就职于某台企。两年后，她又辞职，赴上海一台湾著名化妆品机构学习美容美体。又过了两年，回到厦门，她开始了美容美体的职业生涯。创业初期，她吃尽了苦头。但凭借自己的一股闯劲、狠劲，还有对事业的执着和以诚待人，应该说取得了不错的成绩。

数年后，杏林的一个看似平凡的小店，成为许多成功女性再塑形象的梦想地。如今的冬冬，不仅事业有成，也收获了自己的爱情，还和父母生活在一起，关系特别融洽。她因为坚守自己的意愿，终于过上了自己想要的生活。

其实，很多时候，你不努力，真的不知道自己有多么优秀。当我们做事不成功的时候，总是习惯给自己找借口下台阶。总认为是别人挡了自己前进的道路。比如第一个女孩，她怪母亲从中作梗，扰乱了她的人生方向。但如果她足够独立，有勇气，真的做到依心而行，随心而动，完全有机会证明自己的选择是正确的，让母亲为自己放心，更为自己骄傲。她不该赌气地自暴自弃，和母亲对抗。这根本不能解决任何问题，只会让问题不断恶化，矛盾加深。

冬冬的确是聪明的女孩。她知道父亲是为了她着想，怕她吃苦，所以才阻止她去外面闯荡的。但她更明白，如果按照父亲给自己选择的路走，而自己的青春不能自己做主，不能说将来一定会后悔，但至少会感到遗憾的，因为这不是自己选择的路。在一些时候，你要无视身边人的"为你着想"，然后依心而行，随心而动，这样才能得到你最想要的。

青春飞扬，哪个女孩没有自己的梦想。但现实遭遇的种种事，会让一个人放弃梦想，使得梦想渐行渐远，最后变成了遥不可及的奢望。其实，你放弃梦想，梦想也会抛弃你。只有那些不辞辛劳、为梦想努力奋斗、越过艰难险阻的人，才能达到梦想彼岸。

无论你是谁，无论你正经历着什么，只要肯为梦想而坚持，有一天你会发现所有吃过的苦都是值得的。谁的青春不曾颠沛流离？谁的青春不曾有过伤痕和泪水？这是成长的必经之路。走过去，你会看到不一样的风景，会发现一个不一样的自己。你还要保有一颗健康的、积极向上的心。有这样的一颗心陪伴，你才不会迷失了自己。

累了、苦了、摔倒了，可以哭，但要记得：在哪里摔倒，就在哪里重新爬起来，擦干眼泪继续微笑前行。人生在世，往往会受到这样或那样的伤害。对坚强的人来说，累累伤痕都是生命赐予的最好礼物，微笑着去面对是一种豁达。要相信，你的微笑就像阳光一样，可以驱散头顶笼罩的乌云。学会珍惜生活给予你的一切，好的坏的，都能坦然地、淡然地面对，这样的你，怎会走不出自己的一片天地呢？

青春是你自己的，未来也是你自己的，自己的路总归要自己走。别怕有些反对的声音，只要你走通了，走对了，那些曾经反对你的人，会对你刮目相看。哪怕走错了，也没关系，年轻的时候谁没走错几步？因为年轻，你还可以重来，还可以修正自己。与其未来留遗憾，不如潇洒走一回。

所以，趁还年轻，为梦想做主吧！现在就要依心而行，随心而动！要知道，没有比这更酷的取悦自己、取悦人生的方式了！

就这样，一路美到老

我离家几天，回来后发现邮箱里多了几封邮件。其中，亚凡给我发了几张奥黛丽·赫本在联合国儿童基金会做亲善大使时的图片。亚凡说：

"亲爱的，我爱死这个天使般的女人了。"

向来理性大于感性的亚凡，能说出这样的话来，实在太稀奇。

胶原蛋白总会败给时间。照片里的奥黛丽·赫本已经不再年轻，时间是世上最温柔的刀子，刻薄地收走了她青春时无与伦比的美，不过，岁月的积淀却也给了她动人的风情和优雅。她浑身散发着一种温暖的光芒，让人忍不住感叹上帝对她的宠爱。

谁说女人的美必须是年轻的？

晚年的赫本作为联合国的亲善大使，多次赴非洲开展慈善与救助活动。她朴实而高贵，把满腔的慈爱献给了全世界的儿童，直到自己病逝。她1989年的演讲稿《和你在一起》，是这位伟大的女性留给世界最为珍贵的人道主义遗产。

第一次看到奥黛丽·赫本，是在《罗马假日》里。

　　那时候的她初涉银幕，还只是一个涉世未深、初出茅庐的女孩。但她凭借清水出芙蓉般的天然气质，甜美优雅的笑容和自然亲切的表演，最终获得了奥斯卡金像奖最佳女主角。

　　由此，她受到了全世界影迷的瞩目。

　　这世界从来不缺乏漂亮的女人，特别在影视界。但内外兼修，一路美到老，并且让人无限尊重、景仰的女演员寥寥无几。私以为，奥黛丽·赫本是其中的佼佼者。

　　她以独特的气质、优雅的姿态和清丽脱俗的形象，征服了好莱坞，照亮了整个电影界。

　　银幕上、舞台上，她是安妮公主，她是窈窕淑女……在银幕上扮过公主的女演员何止千百，唯有奥黛丽·赫本成了无冕的王族，令后世的效颦者黯然失色。

　　生活中，她以高雅的气质与有品位的穿着而著称。且不论她的衣着打扮多有品位，单说她标志性的"赫本头"，都成了很多女性朋友竞相模仿的典范。

　　殊不知，画虎画皮难画骨。很多人只是依葫芦画瓢，只能模仿到她的表面，却触摸不到她骨子里的优雅气质。有气质的人穿什么都是"高大上"的感觉，没气质的人穿什么都很low。

她那丰富细腻的灵魂，独特的个性和优雅的言谈举止，还有那颗高贵、恬淡的心，任谁都无法复制。她一直被模仿，却从来没有出现第二个赫本。赫本是独一无二的，只要她一出场，世界仿佛都为她屏住呼吸。

美丽的爱情故事，大都由一朵娇艳的玫瑰开始，最后却由一场惨淡的忧伤而结束。

赫本，这个无比美丽的女人，情路充满了坎坷。她先后经历了两次婚姻，先后生下两个孩子，都因为丈夫的背叛而告终。

有时候，上帝也喜欢玩恶作剧，让你在遇到对的人之前，总要遇到那么几个人渣。

受过伤的人，更懂得珍惜感情。当赫本遇到此生被她视作"心灵伴侣"的第三任，她终于实现了那句"执子之手，与之偕老"的美丽誓言。

有句话是这么说的，你总要相信，奇迹才会发生。赫本一直相信爱，哪怕曾经伤痕累累。所以当爱来敲门的时候，她恰好在家，她打开门，拥抱了属于她的幸福。

反观很多女人，感情受伤后，总会习惯说：

"我再也不相信爱情了，再也不会爱了。"

这也太矫情了。这世上，人人都想获得幸福，但很多人却承担不起幸福来临前的痛苦。不经一番寒彻骨，哪得梅花扑鼻香？受挫就当考验吧！

你不能因为遇到一个渣男，就否定天下所有的男人。这世上，好男人总要比渣男多得多。当你还没遇上生命中的男神，别着急，在他还没来到你身边之前，先好好爱你自己。

这世上人人都有自己的伤痕。尤其是女人，感情上很容易受伤。但有人选择凤凰涅槃，浴火重生，有人却任由伤口溃烂，自生自灭，甚至破罐破摔。

其实，你离了谁，谁离了你，对谁来说都不是世界末日。与其把生命浪费在不值得的人身上，不如花更多的时间塑造自己。有一天你会发现，没了他你的生活还能够继续，甚至可以变得更加精彩。

如果可以，趁还年轻，趁阳光正好，就去旅行吧！大自然的美景，一定会给你疗伤的。说不定就在一个最意想不到的地方，你会遇到命定的他哦！

你有多少值得做的事情，来丰富你的生命啊！你可以跑步，可以跳舞，可以练习瑜伽。你有多糟糕的情绪，都可以得到适当的发泄。让自己大汗淋漓一场，把负能量驱逐出体内，顺便练出一个好身材，可谓两全其美，何乐不为？

你如果觉得以上锻炼，动静太大，不适合自己，也没关系，你还可以去看一场文艺电影，可以约闺密逛街购物，你甚至可以找个没人的地方，没心没肺地大哭一场，之后别忘了要对自己说：

"亲爱的，你已经哭过了，该笑了！"

是的，生活那么美好，有什么理由不笑呢？每一天都是上天赐予的礼物，我们应该学会珍惜、感激，以最美的心情来度过。

有格调的女人，就连吵架也优雅

他洗完澡总是把脏衣服扔在浴室的地板上；刚擦干净的桌面又被他弹上了烟灰；你叮嘱他一定记得交网费，结果在你想要加班忙碌的时候，发现网断了……于是，你忍不住大发雷霆，把心里的怒气统统倒了出来，指责他的种种不是，甚至牵扯到了曾经的点点滴滴。于是，一场家庭战争，以愤怒开始，以失控延续，以冷战告终。

虽然金庸先生说，不吵架的夫妻不是真夫妻。可就吵架这件事来说，很少有男人主动挑起争吵的事端，他们大多习惯用沉默表示抗议，或者干脆做出退让。真正喜欢动嘴吵架，吵到最后又伤心伤情的人，往往都是女人。有时，看到男人默不作声，女人心里的怒气更是难消，总觉得那是无言的挑衅和不屑一顾。愤怒和冲动，会让她变得歇斯底里，控制不住自己的情绪，吵到疯狂无度，自哭自怜。也许是彼此间太熟悉了，言行上也没有了顾虑。

坦白说，这样的女人不可爱，也不美丽，无论是在爱人心中，还是旁观者眼里。看到女人愤怒到口无遮拦、蛮横无理的样子，任何一个男人都会不由得感到厌恶，即便他依然保持着忍让，可心里始终会留下一道伤口。当有一天，积蓄的暗疾触及了他的底线，沉浸在谩骂声中的女人必将尝透凉薄。

健身房的瑜伽室里，小米正跟美丽的女教练倾诉心声。她说，自己原本也有天使的脸孔和魔鬼的身材，可自从一个月前买了那个奢侈品皮包跟老公大吵一架之后，每天下班回家，两个人就开始冷战。为了发泄情绪，她每天晚上都会吃很多东西。结果，一下子就胖了近10斤，身材越来越不"魔鬼"，心情反倒是越来越"魔鬼"。

小米称赞女教练的身材，更欣赏她的气质。她说："我挺羡慕你的，当个瑜伽教练，在教别人的时候，自己也保持了身材。"

女教练摇摇头，说："其实，我当初学瑜伽的目的，不是为了保持身材，是为了平和心态。不得不说，这是一项很好的平衡身心的运动。我以前也经常生气，现在好多了。我虽是个外人，但也想提醒你一下，吵架可以，但不是乱发脾气，时间长了，感情会受影响。"

"唉！"小米叹了一口气，说道，"难道要忍着不拌嘴、不吵架？我觉得很难。"

"对，很难。可你要知道，会好好说话和有话好好说是女人的修养和品质，虽然很难做到，但至少得去努力。如果总是相互埋怨，互相挑刺，那么两个人在一起还有什么意义呢？"说这些话的时候，女教练就像一位深谙人心的灵性导师。

爱情中，吵架永远是一个大课题。为此，有人这样说道："决定感情是否能天长地久的关键，不在于彼此有多相爱，而是吵架时吵得有多难看。两人争吵时越凶越没格调，爱情就被伤得越深越会跑调。"两个人相处，冲突不可避免，如何吵出格调，让感情不降温，就需要女人用心去琢磨了。

对女人来说，你一定得知道对方在想什么，还要清晰地把自己的想法说出来。打个比方，如果他说："你真懒。"你不要焦躁地去反驳："你有什么资格这样说我？你觉得自己比我强吗？"此话一出，引起的必然是争论。你不妨试着稳住情绪，心平气和地问对方："为什么这样说？我做了什么事让你这样觉得？"你这样问，他必然会告诉你他的想法。

如果他说的那些事，根本是无稽之谈，那你也用不着声嘶力竭地抨击。你把那些觉得不合理的地方，清楚地讲给他听，这样的话，争吵就变得有针对性了。否则，你一句，我一句，来回地顶撞和反驳，伤人的话说了不少，最终也没吵出什么结果。

吵架一定是有原因的，这就要求理清彼此的需求。你可以问对方："我要怎么做，你才会满意？"或者，干脆直接告诉对方，自己想要什么，你希望他怎么做。如此，既省略了相互质问和赌气的过程，又得到了最直接的答案。这样的争吵，能让沟通更顺畅，也能增进感情。

当然，两个人为了某一问题陷入争执的时候，很可能会情绪激动，把话题扯远。如果你是聪明的女人，千万别这么做，它只会让对方认为你无理取闹、小题大做。吵架讲究技巧，更要有所顾虑——有些事情不能随口而出。

不要把过去的事牵扯进来，那样的话只能激发彼此的恼恨情绪，对解决问题没有丝毫益处。与其翻旧账，不如冲着未来的问题吵，制定一个规则——今后再遇到类似的问题时怎么办？把争论的焦点，从发泄情绪转移到解决问题上来，才是明智的选择。

不要谈那些无法改变的事，比如嫌弃对方家世不好、赚钱不多等。要么你就接受现在的他，要么就考虑离开他，不要勉强对方做一些他不可能完成的改变，一味地强求，不过是增加彼此的挫败感，让他觉得你不够通情达理。

不要随意打断对方的话。沟通应当是双向的，在吵架的问题上，不要太强势，只允许自己滔滔不绝，却容不得对方把话说完。就算他说的内容杂乱无章，你也完全可以提醒他，只讲重点。在他说完后，重复一下他的想法，确认他的意思。当人感觉自己被理解时，内心就会平静一些。反过来，如果对方一直打断你，也别太恼怒，你可以直言不讳地告诉他，让你把话说完。如果他执意打断你，那么谈话可以暂时告一段落，让他知道，什么时候他不再打断你，你才能继续和他沟通。

记得一位家庭心理学家说过："夫妻吵架大都没什么结果，谁是谁非，不可能明明白白，有时只不过是做某一个选择而已。"所以，两个人吵架并不可怕，关键在于要懂得一些吵架的艺术，让爱情的纽带越系越紧，能经受住任何冲击。

女人要清楚一点：吵架不是为了让谁难过，只是用一种比较激烈的方式，讨论和解决问题而已。嗓门的高低和扭曲的神情，带来的只有厌倦和痛心，就算"战事"平息了，也会给彼此留下阴影，实在得不偿失。更何况，没有哪个女人愿意背负上"不可理喻"的骂名。